Peter Lay
Die Physik der Pharaonen

Peter Lay

Die Physik der Pharaonen

Prähistorische Erfindungen experimentell erleben

Mit 96 Abbildungen

Franzis'

Die Deutsche Bibliothek – CIP-Einheitsaufnahme

Ein Titeldatensatz für diese Publikation ist bei
Der Deutschen Bibliothek erhältlich

© 2000 Franzis Verlag GmbH, 85586 Poing

Die meisten Produktbezeichnungen von Hard- und Software sowie Firmennamen und
Firmenlogos, die in diesem Werk genannt werden, sind in der Regel gleichzeitig auch
eingetragene Warenzeichen und sollten als solche betrachtet werden. Der Verlag folgt
bei den Produktbezeichnungen im wesentlichen den Schreibweisen der Hersteller.

Satz: Fotosatz Pfeifer, 82166 Gräfelfing
Druck: Offsetdruck Heinzelmann, München
Printed in Germany - Imprimé en Allemagne.

ISBN 3-7723-5205-7

Vorwort

Es ist schön, in einem Land zu leben, in dem unterschiedliche Meinungen – noch – existieren dürfen. In diesem Buch werde ich verschiedene, ja zum Teil gegensätzliche Ansichten prähistorischer Ereignisse vorstellen. Nach einem Streifzug durch die ägyptisch prähistorische Schulgeschichte folgen in kurzer Form wissenschaftliche Untersuchungen und deren Interpretationen über Atlantis und Stonehenge. Nur mit ein paar Zeilen will ich auf die aus Sagen bekannte und längst untergegangene Kultur von Atlantis eingehen, da dieses Land vielleicht auch etwas mit Ägypten zu tun hat. Anschließend folgt eine kurze Darlegung der Sage um Stonehenge und deren Kultur. In dem dann folgenden Kapitel werden einige Erfindungen vorgestellt, die vielleicht schon die antiken Pharaonen gekannt haben, was die Schulgeschichte hingegen kategorisch dementiert. Ergänzend ist auch für jede dieser Erfindungen die offizielle Lehrmeinung der Technikgeschichte aufgeführt. Um nicht allzu tief in die Theorie der Geschichtswissenschaften abzudriften, werden diese Erfindungen auch durch praktische Experimente unterstützt, die mit einfachen Mitteln selber nachvollzogen werden können. Es kommt mir in diesem Buch nicht darauf an, viele prähistorische Erfindungen lückenlos chronologisch aufzulisten, sondern an ein paar wenigen Beispielen will ich zeigen, wie sich diese Ideen bis in unsere Zeit weiterentwickelt haben. Wir werden sehen, daß sich nur das Design und der konkrete Aufbau geändert haben, aber die Prinzipien nach wie vor die gleichen sind. Abschließend folgt im siebten Kapitel eine Chronologie einiger Erfindungen.

Bei Herrn Günter Wahl möchte ich mich bedanken, da er mich auf dieses Thema aufmerksam gemacht und bei der Recherche unterstützt hat. Auch bei John Schnurer, einem amerikanischen College-Teacher, möchte ich mich für seine Hilfe bei der Recherche über die physikalische Funktionsweise von Kupferoxidul bedanken. Für positive, wie negative Kritik, sowie für Verbesserungsvorschläge bin ich jederzeit dankbar.

Kontaktmöglichkeiten mit dem Autor:

Peter Lay
Am Sonnenrain 4
D-71543 Wüstenrot
Fax: 07945/950811
email: info@peterlay.de
URL: http://www.peterlay.de

Inhalt

1 Prähistorische Schulgeschichte

Grüne Hügel, trostlose Wüsten und Urwälder bergen sie, die rätsel-
haften und unverständlichen zahlreichen Pyramiden aus längst ver-
gessenen Zeiten. Tote Mauern, gewaltige Macht suggerierende Sta-
tuen von einstigen Herrschern und ein großes Geheimnis für sich be-
haltend, zeugen sie von einer fernen Vergangenheit, die noch durch
ein paar wenige Fakten versucht, sie nicht vollkommen in Vergessenheit geraten zu lassen. Es mußten viele Jahrhunderte – um nicht gar
zu sagen Jahrtausende – vergehen, bis Generationen (endlich) die
geistigen Schätze dieses Erbes bemerkten. Von einem kleinen Ausschnitt dieses Äons, nämlich vom prähistorischen Ägypten und
Reich der Pharaonen ist in diesem Kapitel die Rede. Menschen waren schon zu allen Zeiten von den eindrucksvollsten Monumenten
Altägyptens, nämlich den Pyramiden, so sehr fasziniert, daß es bald
eine Menge von Sagen um diese Bauwerke gab. So meinten die einen, daß in ihrem Inneren die gesamten wissenschaftlichen Erkennt-
nisse der alten Ägypter verschlossen seien. Christen des Mittelalters
versuchten die Pyramiden von Gise aus der Perspektive des Buches
der Bücher, nämlich der Bibel, zu verstehen, in dem sie der Meinung
waren, Josef habe sie erbaut, um Getreide und sonstige Nahrung
während der 7 guten Jahre in ihnen zu speichern, so daß danach ganz
Ägypten während der 7 mageren Jahre vor einer Hungersnot be-
wahrt bliebe. Europäern wurde erst vor einiger Zeit erlaubt, sich für
Studienarbeiten längere Zeit in Ägypten aufzuhalten, so daß seine
Monumente mit wissenschaftlicher Euphorie untersucht werden
konnten. Mehrere tausend Kilometer weit von Süden nach Norden
durchzieht der Nil die Wüsten Nordafrikas. Dort wo er entspringt,
überflutet er weite Landstriche während der Regenzeit und lagert
dabei ungeheure Mengen eines Schlammes mit unvorstellbarer
Fruchtbarkeit auf einem breiten Streifen entlang etlicher hundert Kilometer des Nilstromes ab. Im Mündungsgebiet, das man auch Delta

nennt, teilt sich der Nil in mehrere Arme, die dann in das Mittelmeer einmünden. Bereits vor ungefähr 7000 Jahren lockte der fruchtbare Streifen des Nils die Menschen, welche dieses Land bewirtschafteten; es waren die Vorfahren der „alten Ägypter". Jährlich im Sommer kam das Hochwasser und verwandelte das Land in einen großen See. Anschließend wurde gesät und kurze Zeit später grünte es wie im Paradies. Als ein Geschenk des Nils verehrten und heiligten die Menschen diesen Fluß. Damals gab es noch keine Kalender, wie wir sie heute haben; wir brauchen nur auf den Kalender zu sehen und lesen sofort den Monat, den Tag und damit auch die Jahreszeit ab. Durch die periodisch wiederkehrende Überschwemmung waren die Ägypter auf das Studium der Sterne angewiesen. Sie fanden heraus, daß jedes Jahr, wenn die Flut kam, auch ein bestimmtes Stenbild frühmorgens über dem Horizont aufstieg; auch abends waren andere Sternbilder sichtbar. Die Deutung der Sterne war die Aufgabe der Priester, die auch durch diese Erkenntnis herausfanden, daß ein Jahr 365 Tage enthält. Als das Wasser nach den Überschwemmungen wieder zurück ging, mußte das Land jedesmal neu vermessen werden, da die Grenzmarkierungen der einzelnen Eigentümer verwischt waren. Für diese Vermessungen war ein wichtiges Werkzeug nötig, nämlich die Geometrie. Mit großer Wahrscheinlichkeit waren es die alten Ägypter, die dieses Instrumentarium entwickelt und begründet haben. Erst die Griechen entwickelten dann vor rund 2500 Jahren die Geometrie weiter zu einer selbständigen Wissenschaft. Geometrie ist ein griechisches Wort und bedeutet Erdmessung . Um auch während der Trockenperioden die Felder bewässern zu können, wurde ein Netz von Bewässerungskanälen gebaut. Bestimmt gab es damals auch Streitigkeiten um Besitztümer und damit auch um die Einhaltung von Grenzen des eigenen Grundstücks. Vielleicht war das der Auslöser dafür, daß die Ägypter sich nach einem Staatssystem gesehnt haben, durch das die Eigentumsverhältnisse genau geregelt und von einem Staatsoberhaupt geführt wurde.

Es dauerte nicht lange bis man erkannte, daß die Pyramiden als Königsgräber dienten, denn der Tod war für die alten Ägypter nicht das Ende, sondern der Anfang für ein neues Leben in einer anderen Welt. Dies setzte jedoch voraus, daß der menschliche Körper erhalten blieb, weshalb die sterblichen „Überreste" außerordentlich kostbar waren. Für die Pharaonen, wie man deren Könige damals nannte, war der Tod ein Eingang in ein Leben ohne Ende. Lange Zeit hat man darüber gerätselt, warum die Grabstätten der ersten Pharaonen als überdimensionale Pyramiden verwirklicht wurden. Eine wissenschaftliche Denkrichtung vertritt die Meinung, die ägyptischen Pyramiden müsse man als Sonnendenkmäler auffassen, da seit Urzeiten die wärmespendende Sonne als Sonnengott Re verehrt wurde. In Heliopolis, eine der wichtigsten Kultstätten in Unterägypten, verkündeten die Priester, daß die Pharaonen die Kinder des Sonnengottes Re seien. Mit Hilfe der Pyramiden würden die verstorbenen Pharaonen zu ihrem Sonnengott Re zurückfahren. In den religiösen Texten in den inneren Wänden der Sargkammern und der Verbindungsgänge findet man Texte, die immer wieder von der göttlichen Treppe oder Leiter berichten, mit der man in die himmlischen Areale gelangt.

Neuerdings gibt es Meinungen, welche die Texte nicht mit religiösen, sondern mit naturwissenschaftlichen und technischen Augen betrachten und dabei zu dem Schluß kommen, daß die Pharaonen bereits eine Hochtechnologie besaßen, die es ihnen erlaubte, die Weiten des Universums zu durchkreuzen. Welche Seite sich durchsetzt – vielleicht wird es ja auch eine symbiotische Kombination sein – wird unsere Zukunft zeigen.

Abbildung 1 ist eine Karte von Ägypten, die zeigt, wo Pyramiden errichtet wurden, denn nicht jeder Platz war geeignet. Die Pyramide mußte an einem Ort stehen, weit weg von den jährlichen Überschwemmungsgebieten, wo der Gesteinsuntergrund ein solides Fundament gewährleistete, und außerdem mußte die Pyramide in der Nähe der pharaonischen Residenz stehen. Mindestens diese Kriterien mußten erfüllt sein. Pharaonen des Alten Reiches ließen deshalb in Unterägypten am Nil Pyramiden errichten, während es die Pharaonen des Neuen Reiches vorzogen, in den verborgenen Grabkammern, die aus dem Felsgestein in Oberägypten herausgehauen wurden, bestattet zu werden. Das alte Reich begann ungefähr um das Jahr 2660 v.Chr. und ging bis etwa 2160 v.Chr. In diesen 500 Jahren, dem dominierenden Zeitalter der Pyramiden, wurden viele dieser

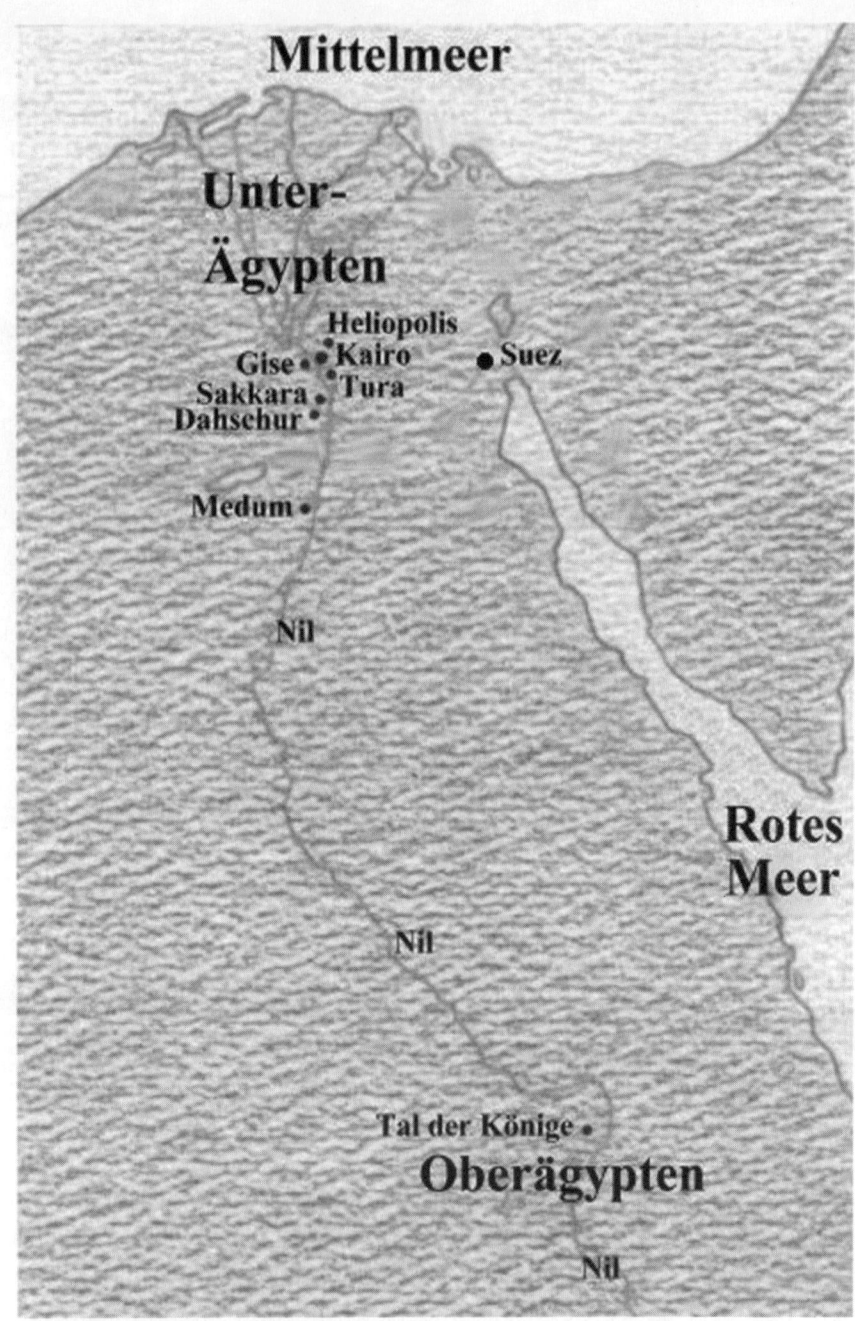

Abb. 1: Landkarte von Ägypten

Bauwerke errichtet. Pharao Cheops war der Erbauer – obgleich nicht er selbst, sondern seine Untergebenen, besonders aber seine Sklaven, das Monument errichteten – der größten Pyramide, die jemals auf dieser Erde errichtet wurde. In *Abbildung 2* sieht man eine Pyramidengruppe von Giseh; die linke ist die Pyramide von Mykerinos, in der Mitte die von Chephren und die rechte, die von Cheops. Wie so vieles im Leben, so wurden auch in Ägypten nicht gleich zu Beginn die größten Pyramiden errichtet. Das erste monumentale Bauwerk in Form einer stufenförmigen Pyramide als Grabmal für einen König wurde unter dem Pharao Djoser in der dritten Dynastie um das Jahr 2600 v.Chr. errichtet. Damals fand in der ägyptischen Architektur ein großer Wandel statt, denn es wurde bis dahin vorwiegend Holz und Ziegel zum Bauen verwendet; schlagartig stieg man dann auf ein anderes Baumaterial um, nämlich auf behauene Steine. Imhotep, ein bekannter Arzt und Schriftsteller, war diese architektonische Idee zu verdanken. Er war außerdem ein enger Vertrauter von Pharao Djoser – einflußreiche Leute haben eben schon damals die Welt verändert, womit gute Beziehungen keine Erfindung unserer Zeit sind. Die Archäologie weiß aufgrund von Inschriften, daß Imhotep neben den genannten noch weitere Ämter inne hatte, wie z.B. die des Baumeisters und Hohepriesters von Heliopolis. Ab etwa der vierten Dynastie (ca. 2590 v.Chr.) wurden an Stelle der Stufenpyramiden andere Pyramiden gebaut, deren Außenflächen glatt waren, und die ebenfalls als Grabstätten dienten. Keine der bis heute erhalten gebliebenen Pyramiden gleicht einer anderen; sie unterscheiden

Abb. 2: Die drei großen Pyramiden von Giseh. Pyramide von Mykerinos (links), Chephrenpyramide (mitte) und Cheopspyramide (rechts)

sich alle in ihrer inneren Gestaltung und ihrer Größe. So wie „neulich" Albert Einstein das Zeitalter der Relativitätstheorie begründete, genauso war es damals Imhotep, der das Zeitalter der riesigen Pyramiden einläutete; ein Zeitraum, in dem die mächtigsten Grabstätten aller Zeiten errichtet worden sind. Kommen wir wieder zurück zu Pharao Djoser und seiner Pyramide, die in *Abbildung 3* zu sehen ist. Sie war „nur bescheidene" 60 Meter hoch und bestand aus sechs riesigen Stufen – aus mathematischer Sicht handelt es sich dabei genaugenommen um sechs übereinander gesetzte Pyramidenstümpfe, bei denen jeweils die Deckfläche etwas kleiner war als deren Grundflächen, so daß jede aus abgeschrägten Seiten bestand. Die Stufenform entsteht dadurch, daß jede übergeordnete Stufe eine etwas kleinere Grundfläche besaß, als die Deckfläche der jeweils untergeordneten Stufe. Unter der Pyramide befindet sich die Gruft des Pharaos Djoser, eingebettet in ein Labyrinth von Gängen und Kammern. Doch nicht nur ihm, sondern auch den Körpern der Königinnen und Königskinder sollte diese Pyramide als Grabmahl dienen. Unterirdische Räumlichkeiten mit Schätzen aller Art sollten Djoser in seinem Leben nach dem Tod zur Verfügung stehen, damit er im ewigen Leben nichts von dem zu entbehren hatte, was er zu Lebzeiten besessen hatte. Auch die Nachfolger Djosers ließen sich Pyramiden nach dem Prinzip Imhoteps als Grabstätten bauen. In der vierten Dynastie, die um das Jahr 2590 v.Chr. begann, veranlaßte König

Abb. 3: Pharao Djoser's Pyramide

Abb. 4: Pharao Snofru's erste Pyramide; vermutlich stürzte sie vor ihrer Fertigstellung ein

Snofru in Dahschur zwei Pyramiden für sich zu bauen. Davor hatte er bereits bei Medum eine errichten lassen, die auf einem hohen Sokkel stehend eine eigenartige Gestalt aufweist; siehe *Abbildung 4*. Einer Theorie zufolge soll sie noch vor ihrer Fertigstellung eingestürzt sein, weil ihr Baumeister noch zu wenig Erfahrung gehabt haben soll. Bei den Pyramiden in Dahschur soll man daraus dann eine Lehre gezogen haben, indem die Steigung der Seiten oben etwas kleiner war als weiter unten. Offenbar mußte Snofrus Architekt so handeln, und die Höhe dadurch etwas reduzieren, damit die Belastung auf die Innenräume nicht zu groß wurde. Die folgenden Pyramiden baute man gleich von Anfang an auf einer sehr großen Grundfläche, so daß echte Pyramiden (ohne zweierlei Neigungswinkel) gebaut werden konnten, deren Höhen zunächst noch auf weniger als 100 Meter beschränkt waren.

Nun war die Zeit reif, um in Giseh die größten Pyramiden zu bauen. Ist es nicht verwunderlich, daß nur innerhalb weniger Generationen von Djoser, der die erste Pyramide erbauen ließ, bis zu Cheops' Pyramide, welche die größte ist, ein Übergang stattfand, von der primitiven Holz- und Ziegelbauweise bis zur hohen Kunst der Architektur des gehauenen Steins? Von den großen ägyptischen Pyramiden sind die Mykerinospyramide, die größere Chephrenpyramide und schließlich die noch etwas größere Cheopspyramide – alle drei meisterhafte Ingenieurleistungen – in der Abbildung 2 zu sehen. In der Antike zählte man einige Pyramiden, darunter besonders auch die Cheopspyramide zu den 7 Weltwundern. Cheops regierte um das Jahr 2530 v.Chr. herum, und ließ für sich die größte Pyramide bauen. Ursprünglich besaß sie an der Basis eine Seitenlänge von etwas über 230 Metern; durch Erosion und sonstige Umwelteinflüsse haben sich die einzelnen Abmessungen im Laufe der Jahrtausende etwas verringert. Heute beträgt die Basislänge „nur" noch rund 227 Meter. Die Cheopspyramide besitzt einen quadratischen Querschnitt, bei dem der Längenunterschied der einzelnen Seiten nur wenige Zentimeter beträgt; selbst der Neigungswinkel der einzelnen Pyramidenseiten unterscheidet sich nur in wenigen Bruchteilen von einem Grad – eine grandiose Meisterleistung. Ihre Höhe betrug ursprünglich 146,6 Meter. An der Spitze fehlen heute ein paar Steinschichten, weshalb sie nur noch etwa 137 Meter an Höhe mißt. Über die Jahrtausende hinweg verlor die Pyramide an der Außenverkleidung einen Großteil an den glatten Kalkplatten, wodurch sie heute eine Treppenform aufweist. Es wurden viele Theorien aufgestellt, weshalb für die Bestattungen der Pharaonen ausgerechnet Grabstätten in der Form von Pyramiden verwendet wurden. Man nimmt an, daß sie ein Symbol für ein ungeheuer großes naturwissenschaftliches und technologisches Wissensspektrum darstellen soll. Ägyptische Priester, die in dieses Wissen eingeweiht waren, hatten die Aufgabe, ihre Kenntnisse nur auf ihrer eigenen Hierarchieebene weiterzugeben und vor der Allgemeinheit zu verbergen. Vielleicht rührt daher auch der Irrglauben her, hinter jeder Naturerscheinung eine Gottheit zu sehen, indem die Prister dies dem Volk glaubhaft gemacht hatten, nur um ihr wohlgehütetes Wissen geheim halten zu können. Nebenbei bemerkt ist das recht ähnlich, wie in unserer Zeit, denn auch heute kann das Volk der Politik nicht mehr vertrauen und alles glauben, was die sagen – aber das war wohl schon zu allen Zeiten so und wird auch in Zukunft weiterhin so sein, denn es läßt sich eben niemand gerne in seine eigenen Karten sehen, da ja Wissen bekanntlich Macht bedeutet.

Die Baumeister der Pyramiden verschlossen deren Eingänge in der Art, daß es kein leichtes Unterfangen war, diese Stellen wieder zu entdecken und einzudringen. Viele scheiterten daran, den Eingang zu finden. Pierre Belon, ein pariser Arzt bekam 1547 die Unterstüzung von Heinrich II, nach Ägypten zu reisen, und Forschungsarbeit zu leisten. Ihm gelang es schließlich auch, in die Cheopspyramide einzudringen und bis zur Grabkammer vorzustoßen. Nach ihm kamen noch weitere Forscher, welche die Pyramide untersuchten, unter anderem auch der bekannte englische Ägyptologe Flinders Petrie, der eine ausführliche Studie darüber erstellte. Insgesamt besaß die Cheopspyramide drei Grabkammern in unterschidlichen „Etagen". Die erste wurde in den felsigen Grund gehauen, für den Fall, daß der Pharao Cheops bereits vor der Fertigstellung der Pyramide starb. In der Pyramide selbst gab es ziemlich weit unten, eine weitere Grabkammer, die für die Königin bestimmt war. Etwa 42 Meter über dem Grund befand sich im Herzen dieses Bauwerkes die dritte Grabkammer in der bereits während der Bauphase der Sarkophag aufgestellt wurde. In der Umgebung der Cheopspyramide fand man eine Grube, die mit einer gewaltigen Steinplatte bedeckt war. Sie enthielt ein Schiff aus Zedernholz, das 43 Meter lang und knapp 6 Meter breit war. Dieses, vermeintlich Sonnenbarke genannte, Schiff war ganz ähnlich denjenigen, die damals auf dem Nil fuhren. Es sollte dem König für seine Fahrten zum Jenseits dienen. In unmittelbarer Nachbarschaft, wie wir gesehen haben, steht die Chefrenpyramide. Sie scheint deshalb höher zu sein, weil sie lediglich auf einem etwas höheren Untergrunde steht; lediglich die Pyramide ist ungefähr einen halben Meter niedriger. Eigenartigerweise fehlt in der Chephrenpyramide eine höher gelegene Grabkammer, außerdem ist sie weitestgehend massiv errichtet, und sie hat weitaus weniger Gänge und Räumlichkeinten, wie die Cheopspyramide; außerdem steht in der Nähe ein sogenanter Taltempel. Chephren gab ferner den Auftrag, die bekannte Sphinx aus einem großen Felsblock, der neben der Pyramide lag zu fertigen; siehe dazu auch *Abbildung 5*. Sie stellt einen liegenden Löwen dar, mit königlich erhobenem Haupt eines Menschen. Cheops und Chephren galten als herrschsüchtige und tyrannenhaftige Pharaonen, während Mykerinos eher als menschenfreundlicher König angesehen war. Seine Grabstätte ließ er tief in den felsigen Untergrund einhauen, und darüber wurde dann seine Pyramide errichtet. Sein Grab entdeckte ein englischer Archäologe

Abb. 5: Die Sphinx, ein liegender Löwe mit königlich erhobenem Haupt eines Menschen

in den dreißiger Jahren des neunzehnten Jahrhunderts. Die meisten Grabkammern der Pyramiden wurden sehr früh von Plünderern ausgeraubt. Deshalb weiß man auch heute nur sehr wenig über die Rituale der Pharaonen. Obwohl man sich einig darüber ist, daß sie auch in diesen Grabkammern beigesetzt wurden, bleiben doch noch etliche Fragen offen. Viele Gräber enthalten nämlich überhaupt keine Hinweise darauf, daß eine Bestattung stattgefunden hat, ja oftmals sind die Grabstätten vollkommen leer, nicht einmal Bruchstükke eines Sarkophags sind vorhanden. Wenn diese Grabstätten wirklich Räubern zum Opfer gefallen sind, warum haben sie dann auch die schweren Sarkophage durch die engen Gänge geschleppt und sich nicht nur mit den kostbaren Grabbeilagen begnügt? Oder warum hat Pharao Snofru zwei Pyramiden für seine sterblichen Überreste benötigt, eine hätte doch völlig ausgereicht? Vielleicht sind einige Beisetzungen nur symbolisch zu verstehen, in der Weise, daß die Leichname nur während einer Übergangszeit in einer Grabkammer lagen und danach in eine andere der gleichen Pyramide oder gar an einen ganz anderen Ort überführt wurden. Um das allerdings belegen zu können, müßte man wesentlich mehr über deren Religion und Weltanschauung wissen. Im Nachhinein ist es sehr schwierig, um nicht gar zu sagen fast aussichtslos, die Puzzleteile, die nur sehr bruchstückhaft vorliegen, zu einem ganzen lückenlosen Bild zusammenzufügen. Der Pharao Schepseskaf, welcher der Thronnachfolger von Pharao Mykerinos war, ließ für sich keine Pyramide errichten; als Grabstätte begnügte er sich mit einem großen Sarkophag in der Stadt Sakkara. Vielleicht brach er diesen von der Pristerschaft heraufbeschworenen Pyramidenkult, weil ihm der Aufwand viel zu groß war, denn der Bau einer Pyramide dauerte damals, je nach Größe, einige Jahrzehnte – das wäre dann wenigstens ein typisches Zeichen menschlichen Verhaltens. Wegen dieser grandiosen Pyramidenbauten nennt man das altägyptische Reich auch das Zeitalter der Pyramiden. Wirtschaftlich und politisch befand sich diese Epoche auf einem zivilisatorischen Höhepunkt. Wie jede historische Hochkultur, so ist bekanntlich auch das Zeitalter der Pyramiden zu Ende gegangen. Lassen wir uns aber nicht die gute Laune mit Weltuntergangsszenarien vermiesen, und schauen wir uns deshalb lieber die „Anatomie" und die Entstehung der Pyramiden an. Aus einer schier unglaublichen Zahl von Kalksteinblöcken, nämlich aus etwa 2 300 000 Stück, besteht die Cheopspyramide. Nicht alle Steinblöcke waren gleich groß; einige waren über 10 Tonnen schwer. Schätzungen zu Folge dürfte so ein Steinquader im Durchschnitt 2,5 Tonnen gewogen haben. Zählt man das zusammen, so kommt man auf ein Gesamtgewicht von ca. 5 750 000 Tonnen Kalkstein. Doch bevor mit den Mauerarbeiten begonnen wurde, mußten zuerst die unterirdischen

Gänge und Kammern in den felsigen Grund gemeißelt werden. Danach wurden die Steine aufeinander geschichtet. Von Tura, das am östlichen Nilufer in der Nähe von Giseh liegt, wurden die Kalksteinblöcke herbeigeschafft. Außerdem wurden große Granitquader für den inneren Ausbau benötigt, die vom rund 800 km (!) weit entfernten Assuan-Steinbruch stammten. Daneben fanden auch Steinblöcke aus heimischen Steinbrüchen Verwendung. Beeindruckend ist die Tatsache, daß die prähistorischen Handwerker praktisch sofort in der Lage waren, von der bekannten Holz- und Ziegel-Verarbeitung umzusteigen auf die Bearbeitung und Beförderung von großen Steinquadern – man könnte fast meinen, es fehle dazwischen ein Puzzlestück in der Geschichtsschreibung. Von den Steinbrüchen mußten die Quader auf dem Landweg bis zum Nil-Ufer transportiert und von dort auf Schiffe verladen und auf dem Wasserweg zu einem in der Nähe des Bauplatzes gelegenen Hafen befördert werden. Danach kam wieder die Beförderung über den Landweg zur Baustelle, genauso wie die Steine von heimischen Steinbrüchen. An der Baustelle angelangt blieb den Bauarbeitern keine andere Wahl als sie dahin zu bringen, wo sie gebraucht wurden und zwar bis hinauf zur obersten Spitze. Zwei Hauptprobleme gab es bei dem Transport, über die wir wohl nie genaue Kenntnis erlangen werden. Um die Steinquader über den Nil zu befördern, mußten die tonnenschweren Kolosse auf die Boote geladen werden; anschließend bestand die Schwierigkeit darin, die schwer beladenen Boote auf dem schnellfließenden Nil zu lenken, zumal stellenweise mit Sandbänken zu rechnen war. Am Hafen angekommen mußten die Boote wieder entladen werden. Es war eine große Kunst, die Steinblöcke auf dem Nil zu befördern. Für heutige Verhältnisse wäre all das auch nicht ohne Schwierigkeiten zu lösen. Das zweite große Transportproblem war, wie man einen Steinquader mit so enormer Last auf dem Landweg transportieren soll. Dabei bediente man sich hölzerner Schlitten, die von einer Vielzahl von Menschen gezogen wurden. Einige Wissenschaftler vertreten die Meinung, daß prähistorischen Abbildungen zufolge nichts auf die Verwendung von unterlegten Rollen hindeutet, das heißt, die Schlitten glitten – besser gesagt rutschten – auf dem Boden, wodurch ungeheure Reibungseffekte zu überwinden waren. Stellen Sie sich nur einmal vor Sie müßten Ihr 1 Tonnen schweres Auto auf ebener Straße anschieben; trotz den vier Rädern ist es doch ziemlich anstrengend – wieviel mal schwieriger mag es dann sein, das zweieinhalbfache Gewicht ohne Räder zu schieben. Andere Wissenschaftler sind davon überzeugt, daß die Steinquader auf Rundhölzern bewegt wurden. Um die Reibung zu verringern, begoß man den Boden zusätzlich mit Wasser. Viele Hunderte Sklaven mußten die schwere Last ziehen. An der Baustelle ging aber das Transportproblem weiter, denn ein Flaschenzug und ein Kran wurden erst später von den Römern benutzt. Also mußten die Steinquader eine schiefe Ebene hinaufgezogen werden, bis auf die Höhe der bereits fertigen Bauhöhe. Mit steigender Höhe mußte auch die schiefe Ebene angepaßt werden.

Jede Lage wurde bezüglich der darunterliegenden etwas nach innen zum Zentrum hin versetzt gemauert, so daß treppenförmige Außenseiten entstanden. Gegenstände, die später wegen ihrer Größe nicht durch die Gänge getragen werden konnten, wurden bereits während der Bauphase eingesetzt und die Wände der Grabkammern und Gänge um das „Mobiliar" herumgebaut. Mit besonderer Mühe wurden die Pyramiden genau auf die vier Himmelsrichtungen ausgerichtet. Eine Möglichkeit, die den Ägyptern bestimmt bekannt war, bestand darin, einen Stab senkrecht im Boden zu verankern und einen Stern, der am Abend im Osten auf- und einen anderen, der am Morgen im Westen unterging, anzuvisieren und durch Pflöcke im Boden zu markieren. Die gerade Verbindungslinie zeigt dann in Ost-West Richtung. Für die damaligen Geometer war es ein leichtes, auf dieser Strecke dann die Mittelsenkrechte zu errichten, die dann in Nord-Süd Richtung verlief. Es gibt Wissenschaftler, welche die Meinung vertreten, daß die ägyptischen Pyramiden, aus der Vogelperspektive betrachtet, eine Anordnung aufweisen, die der Konstellation der Sterne des Sternbildes Orion recht ähnlich ist; aber auch in dieser Hinsicht gehen die Meinungen auseinander.

Wer schon einmal gemauert hat, weiß, daß es nicht genügt, einfach nur Steine aufeinander zu setzen, sondern sie müssen auch ausgerichtet werden. Demnach besaßen die Ägypter mit Sicherheit einfache Hebeeinrichtungen. Der griechische Geschichtsschreiber Herodot, der um das Jahr 450 v. Chr. herum lebte, zeichnete die ägyptischen Überlieferungen sehr getreu auf und spricht in diesem Zusammenhang von Hebemaschinen. Es gibt aber auch wissenschaftliche Meinungen, welche den Ägyptern die Kenntnisse, aber doch zumindest deren Anwendung, nicht zutrauen – vielleicht verstehen diese aber auch nur nichts vom praktischen Baugewerbe.

Diese kollosalen Pyramiden werden durch kein anderes ägyptisches Bauwerk an Formschönheit , Größe und Masse übertrumpft. Bemerkenswert ist die Geschicklichkeit und Kunstfertigkeit der Arbeiter, welche diese Bauwerke errichteten. Eigentlich gebührt ihnen die Ehre für diese grandiosen Denkmälern und weniger den Pharaonen, die nur Befehle erteilten, diese Grabstätten zu errichten – wer näher darüber nachdenkt, kommt sehr schnell zu dem Ergebnis, daß sich an dieser Verhaltensweise bis in unsere Zeit in allen sozialen Schichten so gut wie überhaupt nichts geändert hat. Herodot's Angaben zur Folge seien für den Bau der Cheopspyramide rund 100 000 Männer eingesetzt worden, die jeweils drei Monate lang harte Sklavenarbeit leisten mußten und danach abgelöst wurden; 20 Jahre lang soll es gedauert haben, bis die Cheopspyramide fertiggebaut war. Bei all den Angaben ist aber noch zu bedenken, daß schon Herodot auf Überlieferungen angewiesen war.

Kriegsgefangene von siegreichen Feldzügen und einheimische Bauern wurden für die schweren Arbeiten eingesetzt. Deshalb ist auch einleuchtend, daß die Arbeitskräfte alle drei Monate ausgewechselt wurden, denn hätten die Pharaonen alle Bauern über die ganze Bauphase eingesetzt, so hätte es ja keine Lieferanten für Nahrung und Kleidung gegeben; außerdem hätte kein Mensch diese schwere Arbeit über längere Zeit hinweg durchgehalten. Ob die einheimischen Bauern als Sklaven betrachtet wurden, ist zweifelhaft; es war nämlich eine Ehre, an der Grabstätte des Pharaos, der ja auch als Gottheit betrachtet wurde, zu dienen, denn es sollte auch ihnen ein ewiges Leben verschaffen – es ist fraglich, ob unsereins für unsere Politiker auch diese Last auf sich nähmen. Während der Überschwemmungszeiten des Nils hatten die Bauern ohnehin kaum etwas anderes zu tun. Vergessen wir aber auch nicht, daß es einer hervorragenden Verwaltung bedarf, nicht nur die architektonischen Bauphasen, den Materialtransport und die Bereitstellung der nötigen Arbeitskräfte zu organisieren, sondern auch die Arbeiter samt deren Familien mit Nahrung zu versorgen und deren Unterkunft bereitzustellen. Herodot berichtet auch, daß die Ägypter, mehr als alle anderen damaligen Menschen, fromm und als erste der Meinung waren, die Seele des Menschen sei unsterblich, vorausgesetzt, die körperliche Hülle bliebe unverletzt. Das arme Volk konnte wenig für den Erhalt ihrer eigenen Körper tun, so daß dieses Privileg nur den Pharaonen und deren Angehörigen vorbehalten blieb. Deshalb ließen diese sich ihren Körper nach dem Tode vor Verwesung schützen. Dazu benutzte man verschiedene Stoffe, wie z.B. Öl, Pech, Harze und Leinenbinden; in einer Wandzeichnung nach *Abbildung 6* wird dies veranschaulicht. Auf diese Weise blieben die eingetrockneten Leichen, die als Mumien bezeichnet werden, bis in unsere Zeit sehr gut erhalten und können in den Museen besichtigt werden. Den Pharaonen wurden in ihren Grabstätten noch unvorstellbare Schätze beigelegt, damit sie ihre Seelen im Jenseits wie gewohnt weiterverwenden konnten. Stellt sich nur die Frage, welcher Pharao nun bis in unsere heutige Zeit im Jenseits regiert hat, denn es lebten dann ja dort gleichzeitig mehrere Herrscher – ob die daran noch zu Lebzeiten gedacht haben?

Nach der Bestattung wurden die Eingänge zu den Pyramiden zugemauert, so daß auch diese Stelle mit den angrenzenden Stellen ein

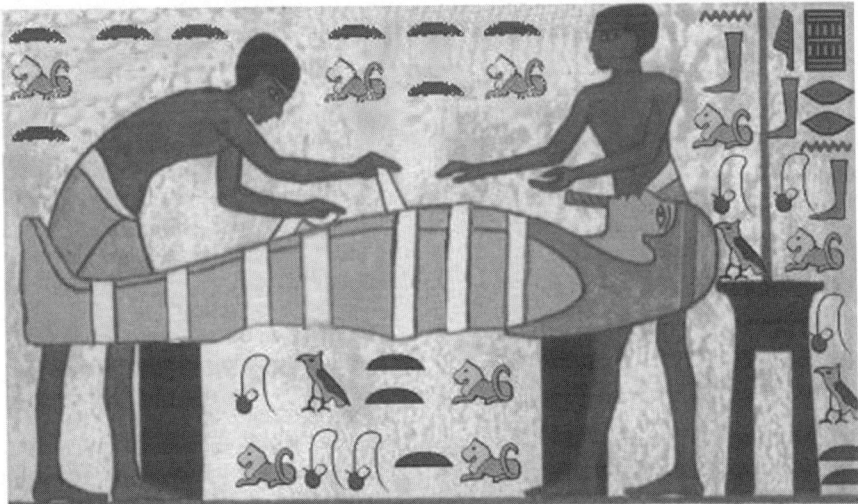

Abb. 6: Nach ihrem Tod ließen sich die Pharaonen ihre Körper einbalsamieren

einheitliches Aussehen ergaben; es war also (eigentlich) unmöglich, diesen Eingang wieder zu finden. Wie so viele Hochkulturen in der Menschheitsgeschichte, so brach auch das Pharaonenreich zusammen. Streitigkeiten zwischen dem Herrscher und den mächtigen Fürsten, aber auch durch Feldzüge fremder Krieger zerstörten schließlich die Hochkultur der Pharaonen.

2 Atlantis

Im klassischen Altertum bezeichneten die Griechen die Randgebirge der ihnen bekannten Welt als die Säulen des Herakles. Herakles war ein altgriechischer Sagenheld, der im römischen Reich als Herkules bekannt war. Herakles soll es der griechischen Mythologie zufolge gewesen sein, der diese Berge aufrichtete. Besonders für die Berge südlich und nördlich der Straße von Gibraltar wurde die Bezeichnung Säulen des Herakles verwendet. Platon, ein griechischer Philosoph, der etwa 427 bis 347 v.Chr. lebte, war einer der größten Denker des klassischen Altertums. Er überliefert uns einen (unvollständigen) Bericht über einen Kontinent, der jenseits der Säulen des Herakles gelegen haben und größer gewesen sein soll, als das damals bekannte Asien und Lybien zusammen. Seine Informationen entnahm er einem Bericht des Atheners Solon (ca. 640 bis 560 v.Chr.), der von ägyptischen Priestern darüber unterrichtet wurde. Diesen Überlieferungen zufolge war jener Kontinent das legendäre Atlantis. Das Heer von Atlantis führte Krieg gegen Athens Vorfahren und sei durch ein schweres Erdbeben spurlos mit allen Schätzen und Reichtümern rund 10 000 Jahre v.Chr. im Meer versunken.

Platon prägte die Vorstellung von einem Idealstaat, in dem Gerechtigkeit als höchste Tugend vorherrschte. Deshalb vermuten einige Wissenschaftler, daß er die Geschichte über Atlantis erfunden und als Gleichnis verwendet hatte, um seinen Zeitgenossen zu schildern, was passieren könne, wenn gegen diese Idealvorstellung verstoßen würde. Andere, auch angesehene Wissenschaftler sehen Platon's Bericht als glaubwürdig an. Aber trotz zahlreicher Nachforschungen konnten bis heute keine Spuren von Atlantis gefunden werden. Es gibt auf dieser Welt kaum ein Gebiet, an dem nicht schon das untergegangene Atlantis vermutet wurde. Potentielle Plätze für Atlantis vermutet man nach *Abbildung 7* vorwiegend an drei Stellen: im At-

Abb. 7: Vorwiegend an diesen Stellen vermutet man das untergegangene Atlantis

lantik bei den Bahamas oder den Azoren und im Mittelmeer um Kreta herum.

Bemerkenswert ist allerdings, wenn man Platon's Bericht glauben darf, daß bereits ägyptische Priester weit vor der Zeit der großen Pyramiden von Atlantis wußten. Möglicherweise gab es Überlebende, die im alten Ägypten eine neue Heimat fanden. Noch längst sind nicht alle prähistorischen Bauwerke, wie z.B. die Pyramiden, bis in alle Einzelheiten untersucht und damit auch noch nicht alle Schriftstücke entziffert. Vielleicht enthalten die darin aufgeschriebenen Geheimnisse der ägyptischen Priesterschaft auch eine Antwort auf die vielen Fragen um Atlantis.

3 Stonehenge

In einer kahlen und windigen Ebene nördlich von Salisbury in Großbrittanien erstrecken sich kilometerweit flache Kreideböden. Nahezu fremdartig erscheinen dort kreisfömig angeordnete Steinpfeiler,
die mitten in dieser leeren Landschaft aufgestellt sind, gerade so, als
gehörten sie da nicht hin. Die meisten dieser Steinpfeiler sind über 4
Meter hoch und in mehreren konzentrischen Kreisen aufgestellt.
Unter dem Namen Stonehenge (engl. Steinhang) ist dieses Baudenk-
mal nach *Abbildung 8* in die prähistorische Geschichte eingegangen
und noch immer ist sein Geheimnis nicht gelüftet. In der Zeit von etwa 2 800 v.Chr bis 2 000 v.Chr. soll dieses Monument vermutlich in
mehreren Baustadien errichtet worden sein. Einer älteren Hypothese zufolge soll Stonehenge ein Tempel und damit ein Heiligtum gewesen sein, den jene prähistorischen, keltischen Priester, die Dru-
den, erbaut hatten. Leider hat sich später ergeben, daß die Glanzzeit
der Druiden mit der Epoche der Stonehenge-Baumeister nicht über-
einstimmt. Wesentlich vielversprechender ist aber die Hypothese,
bei Stonehenge handelte es sich um ein astronomisches Observatori-
um, die von einigen Wissenschaftlern vertreten wird. Wie bei den alten Ägyptern gab es auch im alten Großbrittanien noch keinen Kalender wie wir ihn heute kennen, das heißt Priester hatten die Aufgabe, den Lauf der Sterne zu beobachten, um herauszufinden, wann es
Frühjahr, Sommer, Herbst und Winter würde, damit die Saat recht-
zeitig ausgebracht und früh genug Vorräte für den Winter gesammelt
werden konnten, aber auch, um den richtigen Zeitpunkt für Feste
und kulturelle Handlungen zu bestimmen. Untersuchungen haben
ergeben, daß am Tag der Sommersonnenwende die Lichtstrahlen der
aufgehenden Sonne genau zwischen zwei bestimmten Steinen hin-
durchgehen, die dann vom Mittelpunkt der Anlage aus gesehen werden können. Ähnlich verhält es sich mit allen Sonnenauf- und -unter-
gängen, sowie den Mondaufgängen und den Monduntergängen zu

den Zeiten der Sommer- und der Wintersonnenwende. Dr. Smith vertrat in den 70er Jahren des 18. Jahrhunderts die Meinung, mit den kreisförmig angeordneten Steinen sei es auch möglich gewesen, astronomische Beobachtungen von Planeten und Sternen durchzuführen. Mit all diesen Daten war es den Priesterastronomen dann möglich, den Jahreslauf vorherzusagen – auch unser heutiger Kalender orientiert sich noch immer an dem Lauf der Erde um die Sonne. Manchen Literaturstellen zufolge soll es den Priestern möglich gewesen sein, Sonnen- und Mondfinsternisse vorherzusagen, indem eine gewisse Anzahl an Zwischenräumen der Steinpfähle abgezählt werden mußte, sobald Sonne oder Mond eine bestimmte Position einnahmen, die vom Mittelpunkt aus zwischen den Steinen zu sehen waren – vielleicht eine primitive Art eines Computers. Andere Literaturstellen hingegen widerlegen dies aufgrund mangelnder wissenschaftlicher Beweise. Aus der Zeit kurz vor der Errichtung von Sto-

Abb. 8: Stonehenge

nehenge sind in der Nähe davon Relikte runder Holzgebäude entdeckt worden, die vermutlich ähnlich aussahen wie Stonehenge. Auffallend ist aber noch etwas weiteres, denn die Verbindung der Steinpfeiler mit den Decksteinen wurden mit Zapfen und dazu passenden Löchern zusammengefügt, so wie es auch bei der Holzkonstruktion Anwendung fand. Verblüffend ist jedoch die Ähnlichkeit vom schlagartigen Wechsel von der Holzbauweise zur Steinverarbeitung, wie es auch im Zeitalter der großen Pyramiden in Ägypten der Fall war. Die Archäologie nimmt an, daß die Baumeister von Stonehenge vom Ausland kamen. Aufgrund von Funden könnten diese aber von verschiedenen Ländern gekommen sein, unter anderem auch von Ägypten.

4 Prähistorische Erfindungen

Liebe Leserin, lieber Leser, erlauben Sie mir, daß ich Ihnen die Familie Mayer vorstelle. Da ist zunächst einmal das Familienoberhaupt, Herr Mayer. Er ist Verwaltungsangestellter in einem Versicherungsbüro. Frau Mayer arbeitet in einem modern ausgestatteten Krankenhaus. Sie ist dort als Oberschwester angestellt, und betreut über einhundert Patienten pro Tag. Zuhause hat sie das Kommando, auch wenn ihr Mann das Familienoberhaupt zu sein glaubt. Dann ist da noch die Tochter Julia Mayer. Sie macht gerade eine Ausbildung im kaufmännischen Bereich in einem mittelständischen Unternehmen. Sohn Tobias Mayer geht noch in die Schule und weiß noch nicht so recht, was er einmal beruflich werden will. Nicht zu vergessen ist da auch noch die Hauskatze Tom, ein Kater mit hohen Ansprüchen an seine Verpflegung. Auch er bestimmt das Hausgeschehen intensiv mit.

Was soll nun eigentlich diese Familienpräsentation? Nun, die Antwort liegt auf der Hand. Ich will an Hand dieser zwar erfundenen, aber doch durchschnittlichen Familie zeigen, wieviel in unserem alltäglichen Leben mit Technik, und ganz besonders mit der Elektrotechnik, unlösbar verknüpft ist. Dabei taucht natürlich auch immer die Frage auf, wann denn diese technischen Errungenschaften erfunden worden sind, und auch wer diese Denkleistung erbracht hat. Dabei werden wir jedoch sehen, daß in dieser Hinsicht die Meinungen zum Teil weit auseinander gehen. Zunächst einmal wird da die Lehrmeinung vertreten, wie sie von der offiziellen Technikgeschichte vermittelt wird. Wer mehr darüber wissen will, findet im Kapitel 7 eine Zeittafel über einige wichtige Erfindungen. Außerdem ist im Literaturverzeichnis eine kleine Auswahl an Literatur über Technikgeschichte aufgeführt; ausführlichere Hinweise bieten die verschiedenen Bibliotheken und Buchhandlungen.

Auf der anderen Seite gibt es da aber auch Wissenschaftler, die so manche Erfindung in die prähistorische Vergangenheit der Menschheitsgeschichte zurückdatieren. Sie sind davon überzeugt, daß diese Ingenieurleistungen bereits im Pharaonenreich bekannt waren und intensive Anwendung fanden. Mit dem Untergang dieser hochtechnisierten Kulturen verschwand auch das wissenschaftliche Wissen darüber. Erst Jahrtausende später wurde das Rad wieder neu erfunden.

Um eine Auswahl solcher Erfindungen und um die Physik, die dahinter steckt, die bereits (vielleicht) schon die Pharaonen kannten, ist der überwiegende Teil dieses Buches gewidmet. Wer sich näher über dieses Thema informieren möchte, findet im Literaturverzeichnis unter [1] und [2] eine kleine Auswahl einschlägiger Literaturstellen. Auch andere längst vergangene Kulturen, wie z.B. das Reich der Babylonier sollen, einigen Wissenschaftlern zu Folge, ebenfalls die eine oder andere technische Meisterleistung besessen haben. Über diese soll in diesem Buch allerdings nicht berichtet werden. Eine Einschränkung auf die Physik der Pharaonen ist nötig, da sonst der Umfang dieses Werkes gesprengt würde.

Als erste Erfindung stellen wir das galvanische Element vor. Dabei kommen wir allerdings um die Beschreibung der chemischen Abläufe nicht ganz herum. Aber keine Angst, es soll hier nicht der von vielen gefürchtete Lehrstoff von der Schule wiederholt werden. Nein, sondern auf leicht verständliche und anschauliche Weise werden die Vorgänge erläutert. Danach werden, wie bei allen hier vorgestellten prähistorischen Erfindungen Anregungen für eigene Experimente gegeben. So wird es möglich, auf den Spuren der Techniker und Ingenieure des Pharaonenreiches zu wandeln und die Faszinationen dieser Meisterleistungen, aber auch die Probleme, die damals, wie heute dabei auftraten, nachzuerleben. In gleicher Weise wird im nächsten Unterkapitel vorgegangen. Die Galvanik wird dort anschaulich beschrieben und Versuche vorgestellt, die vom Spalten der Wassermoleküle über das Verkupfern metallischer und nichtmetallischer Gegenstände bis hin zur Elektrophorese reichen. Die Krönung sämtlicher Erfindungen stellen sozusagen die Beleuchtungseinrichtungen dar. Von einfachen Glühexperimenten über Versuche mit Glühlampen, bis hin zu ersten Gehversuchen mit Gasentladungslampen werden mit einfachen Mitteln anschaulich präsentiert. Als weitere Erfindung wird der Kondensator vorgestellt, ebenfalls mit einfachen Experimenten zum Selbermachen. Auf wissenschaftlich fundierte Weise beweise ich in einem weiteren Unterkapitel, daß bereits die antiken Pharaonen im Besitz von Halbleitern waren. Neben der Funktionsweise von Halbleitern werden auch faszinierende Experimente zum Nachmachen für Do-It-Yourself Freaks vorgestellt. Abschließend folgen noch ein paar kleinere Erfindungen als Sammelsurium, die auch leicht nachvollziehbar sind.

Bevor Sie, liebe Leserin und lieber Leser, darangehen, eigene Versuche durchzuführen, lesen Sie bitte erst die jeweiligen Unterkapitel durch und beachten Sie besonders die dort angegebenen Verhaltensanweisungen, damit Unfälle von vornherein vermieden werden.

So, jetzt ist aber genug gesagt über den Überblick der hier vorgestellten Erfindungen. Familie Mayer wartet bereits mit der Einführung in die Geheimnisse der wahren Herkunft galvanischer Elemente.

4.1 Das Galvanische Element

Wie jeden Morgen, so rasiert sich Herr Mayer auch heute. Er ist ein leidenschaftlicher Trockenrasierer. Sein Elektrorasierer kann nicht nur über die Steckdose betrieben werden, sondern auch über den eingebauten Akku. Seine Frau putzt sich gerade ihre Zähne mit einer Elektrozahnbürste. Und was machen die Kinder? Nun, Julia Mayer rennt bereits zur Bus-Haltestelle, um noch den Bus zu erwischen, damit sie nicht zu spät in die Berufsschule kommt. Dabei schaut sie dauernd auf ihre Quarzuhr. Tobias hat es da etwas schöner, er wird gerade von seinem Radiowecker durch die Übertragung seiner Lieblingsmusik geweckt. Auch Kater Tom weiß, daß er jetzt etwas leckeres zu fressen bekommt. Er legt großen Wert auf eine warme Mahlzeit. Doch das ist die Aufgabe von Tobias, der als erstes die Milch für Tom in der Mikrowelle aufwärmt.

So ein Tagesablauf findet nicht nur bei der Familie Mayer statt, sondern kommt auch in den meisten Haushalten in ähnlicher Form vor.

Elektrizität spielt dabei eine große Rolle, sie ist uns andererseits aber auch fremd geblieben, da man den elektrischen Strom eben weder sehen, noch anfassen kann. Unser Leben ist ohne diese Energieform nicht mehr denkbar. Es stellt sich da die Frage, wer die Elektrizität überhaupt entdeckt hat. War es Galvani (09. September 1737 bis 04. Dezember 1798) mit seinen Froschschenkelversuchen, oder nutzten bereits die Pharaonen elektrische Energiequellen? Die Meinungen über diese Frage gehen zum Teil weit auseinander.

Nun, die klassische Lehrmeinung vertritt die Ansicht, daß zwar schon der Steinzeitmensch die Naturerscheinung der Blitze bei Gewittern gekannt, aber noch keine Ahnung von Elektrizität hatte. Erst vor ein paar hundert Jahren wurde sie intensiver erforscht (wer sich näher darüber informieren möchte, dem empfehle ich u.a. das Buch unter der Nummer [12] im Literaturverzeichnis). Bernstein-phänomene sind schon länger bekannt, wissenschaftlich untersucht wurden sie aber auch erst vor wenigen Jahrhunderten (siehe auch Buch mit der Nummer [12] im Literaturverzeichnis). Auf die genannten Phänomene will ich hier jetzt nicht näher eingehen, sondern vielmehr über die galvanischen Elemente diskutieren.

Luigi Galvani (09.September 1737 bis 04.Dezember 1798) war ein italienischer Arzt und Naturforscher. Er war Professor für Medizin an der Universität in Bologna und machte weitreichende Entdeckungen u.a. durch seine Froschschenkelexperimente. Bei seiner Arbeit sezierte er sehr häufig Tiere, um sie näher zu studieren. Dabei interessierte er sich neben anderen Eigenschaften auch für den Verlauf der Nervenbahnen. Eines Tages machte er bei der Untersuchung von sezierten Froschschenkeln eine sonderbare Entdeckung. Wurde von einer Elektrisiermaschine ein Funke erzeugt und gleichzeitig der Beinnerv eines in der Nähe befindlichen Froschschenkels mit einer metallenen Pinzette berührt, so geschah etwas eigenartiges. Das Hinterbein, das vom toten Froschkörper abgetrennt war, zuckte nämlich im gleichen Moment plötzlich zusammen. Heute wissen wir, daß von dem Funken elektromagnetische Wellen ausgehen, die im Bereich des sichtbaren Lichtes liegen – sonst könnt man ihn ja auch nicht sehen – aber auch in anderen unsichtbaren Wellenlängenbereichen. So werden z.B. auch Radiowellen ausgesendet. Die metallene

Pinzette wirkt in diesem Zusammenhang als Antenne, in der dann kleine elektrische Ströme fließen, die wiederum für die Kontraktion des Muskels verantwortlich sind. So betrachtet, waren wohl diese frischen sezierten Froschschenkel die ersten Meßgeräte für die Elektrizität. Immer wieder überprüfte er diese seltsame Beobachtung durch viele Experimente. Von mal zu mal wandelte er seine Versuche immer weiter ab. Ein weiteres wichtiges Ergebnis seiner Untersuchungen war, daß ein Funke von der Elektrisiermaschine gar nicht unbedingt nötig war.

Der Froschschenkel zuckte sogar auch dann zusammen, wenn man gleichzeitig den Muskel und den Beinnerv mit jeweils einem metallenen Leitermaterial verbunden hat. Dabei ist es wichtig, zum einen zwei verschiedene Metalle zu verwenden, und andererseits müssen die beiden freien Enden elektrisch leitend miteinander verbunden werden. Galvani verwendete für diese wissenschaftlichen Untersuchungen Metallbögen, die aus zwei miteinander verbundener Hälften bestanden; die eine Hälfte war Eisen und die andere aus Messing. Immer, wenn er den Nerv und den Muskel eines frischen sezierten Froschschenkels mit diesen Metallbögen berührte, so zuckte dieses Muskelgewebe deutlich ausgeprägt zusammen. Er nannte diesen Effekt tierische Elektrizität. Zunächst glaubte er, eine mystische Lebenskraft entdeckt zu haben, mit der es vielleicht sogar möglich sei, die Lebensenergie in einem toten Körper wieder zu reaktivieren.

Als diese Untersuchungen bekannt wurden, hörte auch Volta davon. Alessandro Graf Volta (18. Februar 1745 bis 05. März 1827) war ein italienischer Physiker, der bahnbrechende Forschungsarbeiten über die Elektrizität durchführte. Er war auch einer von denen, die ein Untersuchungsergebnis erst dann glaubten, wenn sie erst einmal selber entsprechende Studien durchgeführt hatten. So machte auch er sich daran, diese galvanischen Versuche zu wiederholen. Graf Volta erkannte bereits nach kurzer Zeit, daß es die zwei verschiedenen Metalle waren, welche die Elektrizität erzeugten. Sie entstand weder in den Muskeln, noch in den Nerven der Froschschenkel. Elektrische Wirkungen zeigten sich nur dadurch, daß der Froschschenkel zusammenzuckte; er diente somit nur als äußerst empfindlicher Indikator für die Elektrizität. Seine Experimente variierte er immer weiter und untersuchte auch unterschiedliche Metallkombinationen. Das Ergebnis seiner Forschungsarbeiten waren neben anderen die Volta'sche Spannungsreihe, auf die weiter unten näher eingegangen wird, und die Volta'sche Säule, die erste elektrochemische Spannungsquelle. Um die Volta'sche Säule herzustellen, besorgte er sich etliche kleine, runde, metallene Scheiben aus Silber, Kupfer und Messing mit einem Durchmesser von über ca. 20 mm. Desweiteren benötigte er auch noch genauso viele Scheiben aus Zink. Schließlich stellte er sich auch noch eine entsprechende Menge an runden Scheiben gleicher Größe aus Papier oder Leder her, deren Material so porös sein mußte, daß es viel Wasser oder Salzlösungen aufsaugen konnte. Die metallischen Scheiben mußten gut gereinigt werden, die anderen tränkte er mit Wasser oder, um die Wirkung zu vergrößern, mit Salzwasser. Dann legte er auf einen Holzsockel eine der Scheiben aus Kupfer, Messing oder Silber und darauf eine aus Zink. Auf diese legte er eine der feuchten Scheiben und darauf eine aus Silber. Dann kommt wieder eine Zinkscheibe, eine feuchte und schließlich eine silberne Scheibe. Durch fortwährendes aufeinanderschichten der einzelnen Scheiben in gleichbleibender Reihenfolge, baute er schließlich eine so hohe Säule, daß sie sich ohne umzufallen noch aufrecht halten konnte; fertig war die Volta'sche Säule. Ihre Entwicklung dürfte wohl als einer der größten Meilensteine in der Physik und der Technik anzusehen sein. Denn es war erstmals möglich, elektrischen Strom über eine längere Zeit fließen zu lassen, so daß seine Wirkungen intensiv erforscht werden konnten. In der Zeit vor Volta konnte man Elektrizität nur durch Reibung geeigneter Körper in Form von einzelnen kurzen Entladungen erzeugen. Erst dann war es möglich, die Wärmewirkung elektrischer Ströme zu studieren, und kurze Zeit später entdeckte man dann auch zufällig seine magnetische Wirkung.

Wer sich für eine Fotogallerie interessiert, in der historische Portraits von Wissenschaftlern und Wissenschaftlerinnen sowie zum Teil deren Laborausstattung vorkommen, findet im Internet unter der Adresse http://www.aip.org/history/exhibit.htm nützliche Angebote.

Wie entsteht aber nun diese Elektrizität? Diese Frage konnte erst Anfang des zwanzigsten Jahrhunderts zufriedenstellend beantwortet werden, als der Aufbau der Atome näher bekannt war. Die Vermutung, daß alles materielle um uns herum einen diskontinuierlichen Aufbau hat, geht auf den griechischen Philosophen Demokrit zurück, der etwa um 400 vor Christus gelehrt hat. Erst viele Jahrhunderte später, im Jahre 1911 zeigte der britische Physiker Ernest Rutherford (30. August 1871 bis 19. Oktober 1937), daß Atome einen inneren Aufbau haben und aus einem winzigen elektrisch positiv geladenen Atomkern und einer elektrisch negativ geladenen Atomhülle bestehen. Für die Elektrizität ist vorwiegend die Atomhülle, die aus Elektronen besteht, von Bedeutung. Kurze Zeit später, 1913, postulierte dann der dänische Physiker Niels Bohr (07. Oktober 1885 bis 18. November 1962) den Aufbau des Atoms, das einem Planetensystem ähnlich aufgebaut ist, denn die Elektronen umkreisen den Atomkern auf ganz bestimmten Bahnen. Jede einzelne Bahn kann dabei nur eine definierte Anzahl von Elektronen aufnehmen. Nebenbei bemerkt besteht der Atomkern aus elektrisch neutralen Neutronen und elektrisch positiv geladenen Protonen. In einem neutralen Atom ist die Anzahl der Protonen gleich der Anzahl der Elektronen. Jedes chemische Element ist eindeutig charakterisiert durch die Anzahl seiner Protonen, und bei neutralen Atomen auch durch die Anzahl seiner Elektronen. Beispielsweise hat jedes Wasserstoffatom immer nur ein Proton im Kern und jedes Kupferatom hat immer 29 Protonen in seinem Atomkern. *Abbildung 9* zeigt nun den vereinfachten Aufbau der Elektronenhülle von ein paar Elementen nach Niels Bohr. Werden nun einem elektrisch neutralen Atom ein oder mehrere Elektronen entzogen, so entsteht ein elektrisch positiv geladenes Atom. Wenn hingegen neutrale Atome ein oder mehrere Elektronen aufnehmen, so entstehen elektrisch negativ geladene Atome. Atome, die positiv oder negativ geladen sind, werden als Ionen bezeichnet. Die einzelnen Elemente geben aber Elektronen unterschiedlich gerne ab, und andere nehmen Elektronen mehr oder weniger gerne auf. Es gibt Elemente, wie z.B. das leichteste Metall Lithium, die ihre Elektronen der äußersten Elektronenschale sehr leicht abgeben. Dann gibt es Elemente, wie z.B. das Gold, die Elektronen nur sehr ungern abgeben. Das gleiche gilt natürlich auch entsprechend für Nichtmetalle. Auch bei Verbindungen, die aus Molekülen bestehen und die sich aus mehreren Atomen zusammensetzen, gibt es Ionen.

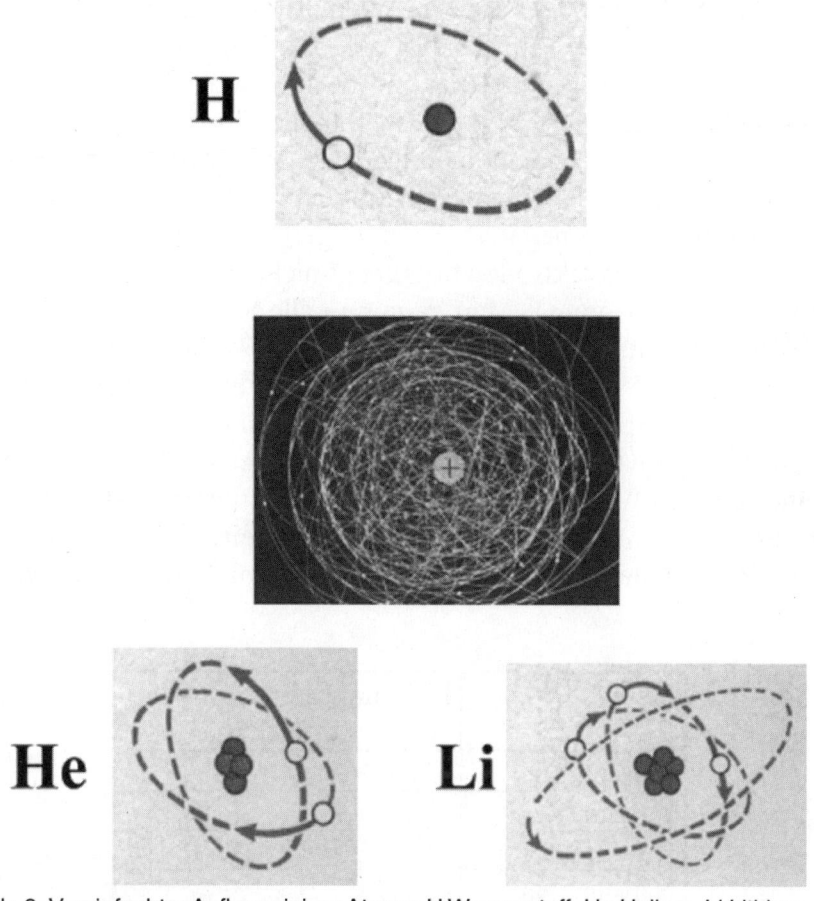

Abb. 9: Vereinfachter Aufbau einiger Atome; H Wasserstoff, He Helium, Li Lithium

Ionen werden gekennzeichnet, indem man hinter dem chemischen Symbol ein hochgesetztes + (Plus) oder – (Minus) Zeichen setzt. Positiv geladene Ionen werden mit einem Pluszeichen und negativ geladene Ionen werden mit einem Minuszeichen versehen. Zusätzlich wird noch angegeben, wieviele Elektronen abgegeben, beziehungsweise aufgenommen wurden (z.B. Cu^{2+} : zwei Elektronen hat das Kupferatom abgegeben; Cl^- : das Chloratom hat ein Elektron zusätzlich aufgenommen). Wenn nun zwei verschiedene Metalle in eine Salzlösung eintauchen, so kann zwischen ihnen eine elektrische Spannung gemessen werden – genau das hat Volta entdeckt. Aber nicht nur Metalle, sondern auch andere Stoffe können verwendet werden. Die bekannteste nichtmetallene Elektrode, dürfte wohl die Wasserstoffelektrode sein. Das ist eine Platinelektrode, die in eine geeignete Flüssigkeit eintaucht und von Wasserstoff umspült wird. Genau diese Elektrode ist es, mit der andere Stoffe gepaart werden und die dabei entstehende Spannung gemessen wird. Wenn ein Stoff sehr gerne Elektronen abgibt, so mißt man bezogen auf die Wasserstoffelektrode eine negative Spannung. Geben die untersuchten Stoffe ihre Außenelektronen überhaupt nicht gerne ab, so mißt man eine positive Spannung. Man kann nun alle Stoffe (Metalle, Nichtmetalle, Verbindungen) entsprechend der Größe ihrer Spannung bezogen auf die Wasserstoffelektrode auflisten und erhält so die elektrochemische Spannungsreihe. In der *Abbildung 10* ist ein kleiner (vereinfachter) Ausschnitt aus dieser elektrochemischen Spannungsreihe zu sehen. Volta war, wie schon erwähnt, der erste, der eine solche Spannungsreihe aufgestellt hat. Für das weitere Verständnis wollen wir folgende Vereinfachung treffen: Gemäß der *Abbildung 11*

Metall:	Potential bezogen auf die Wasserstoffelektrode:
Lithium, Li	-3,031V
Kalium, K	-2,921V
Calcium, Ca	-2,759V
Natrium, Na	-2,712V
Magnesium, Mg	-2,401V
Aluminium, Al	-1,689V
Zink, Zn	-0,762V
Eisen, Fe	-0,439V
Blei, Pb	-0,131V
Wasserstoff, H	0,000V
Kupfer, Cu	+0,348V
Silber, Ag	+0,811V
Gold, Au	+1,382V
Platin, Pt	+1,598V

Abb. 10: Vereinfachter Ausschnitt aus der elektrochemischen Spannungsreihe

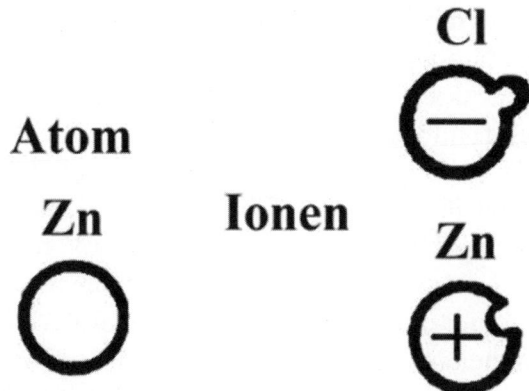

Abb. 11: Vereinfachte bildhafte Darstellungsweise von Atomen und Ionen. Das Zink-atom ist elektrisch neutral, das Choridion hat ein Elektron zuviel und das Zinkion hat zwei abgegeben

stellen wir ein Teilchen – egal, ob es sich um ein Atom oder Molekül handelt – als Kreis, ein positiv geladenes Ion als Kreis mit einer halb-runden Delle und ein negatives Ion als Kreis mit einer halbrunden Beule dar. Jeweils darüber schreiben wir den zugehörigen Namen und in den Kreis ein Plus- oder ein Minuszeichen, ohne konkret auf den Wert der elektrischen Ladung einzugehen – das reicht auch für das weitere Verständnis völlig aus.

In der Wissenschaft untersucht man solche Vorgänge mit den soge-nannten Halbzellen. Das sind Gefäße, in denen nur ein Metall in ei-ne Salzlösung eintaucht, wobei diese Salzlösung Ionen des entspre-chenden Metalls enthält. Betrachten wir einmal eine Zinkhalbzelle etwas näher. Die Salzlösung enthält dann Zinkionen, die zweifach positiv geladen sind und (z.B.) Sulfationen mit einer zweifach nega-tiven Ladung. Sulfat ist eine Verbindung aus Schwefel und Sauer-stoff. Es sind genauso viele Zinkionen wie Sulfationen vorhanden, so daß die Lösung insgesamt elektrisch neutral ist. Taucht nun ein Zinkblech hinein, so haben nun die an die Salzlösung angrenzenden Zinkatome ein bestimmtes Bestreben, ihre zwei Außenelektronen abzugeben, und als Zinkionen in die Lösung zu gehen. Dabei blei-ben die abgegebenen Elektronen im Zinkblech zurück. Infolgedes-sen lädt sich das Zinkblech negativ auf und die Salzlösung entsprechend positiv. Das hat dann zur Folge, daß dieser Vorgang nur bis zu einem gewissen Grad abläuft.

Bei einer Kupferhalbzelle laufen ähnliche Vorgänge ab, allerdings hat Kupfer kein so großes Bestreben, seine Außenelektronen abzugeben, es hält sie viel lieber fest. Das führt nun dazu, daß Kupferionen, die zweifach positiv geladen sind viel lieber vom eingetauchten Kupferblech jeweils zwei Elektronen entziehen und sich als Kupferatome darauf ablagern. Hierbei lädt sich das Kupferblech elektrisch positiv auf und die Salzlösung entsprechend negativ. Werden nun, so wie in *Abbildung 12* gezeigt, eine Kupferhalbzelle mit einer Zinkhalbzelle verbunden, so läßt sich eine Spannung von gut 1 V messen. Die überschüssigen Elektronen des Zinks wandern nun im elektrischen Leiter durch den Verbraucher R zum positiv geladenen Kupferblech. Damit aber auch ein Ladungsausgleich der Salzlösungen stattfinden kann, müssen Ionen über einen Ionenleiter – ein sogenannter Stromschlüssel – von einer Halbzelle zur anderen wandern können. Erst dann fließt auch im angeschlossenen Verbraucher ein elektrischer Strom. Ein solcher Stromschlüssel ist ein Rohr, das eine Salzlösung enthält und mit den Lösungen beider Halbzellen verbunden ist. Negative Ionen wandern dann von der Salzlösung des Stromschlüssels zur Zinkhalbzelle, weil dort fortwährend positiv geladene Zinkionen in Lösung gehen – denn ungleichnamige Ladungen ziehen sich bekanntlich an und versuchen sich auszugleichen. Entsprechend wandern positive Ionen von der Salzlösung des Stromschlüssels zur Kupferhalbzelle, da sich ja dort permanent Kupferionen entladen und abscheiden, so daß sich die Lösung negativ auflädt. Die Spannung, die sich zwischen den beiden Elektroden einstellt, berechnet sich als Differenz der Potentiale wie sie in der elektrochemischen Spannungsreihe angegeben sind. Leider kommt erschwerend hinzu, daß diese Potentiale von verschiedenen Faktoren abhängen, z.B. von der Konzentration der Ionen in der jeweiligen Lösung und einigen anderen Einflüssen. Aber auch der pH-Wert, der angibt, wie sauer oder alkalisch eine Flüssigkeit ist, beeinflußt diese Potentiale. Deshalb darf man auch nicht enttäuscht sein, wenn bei eigenen einfachen Experimenten andere Spannungen gemessen werden.

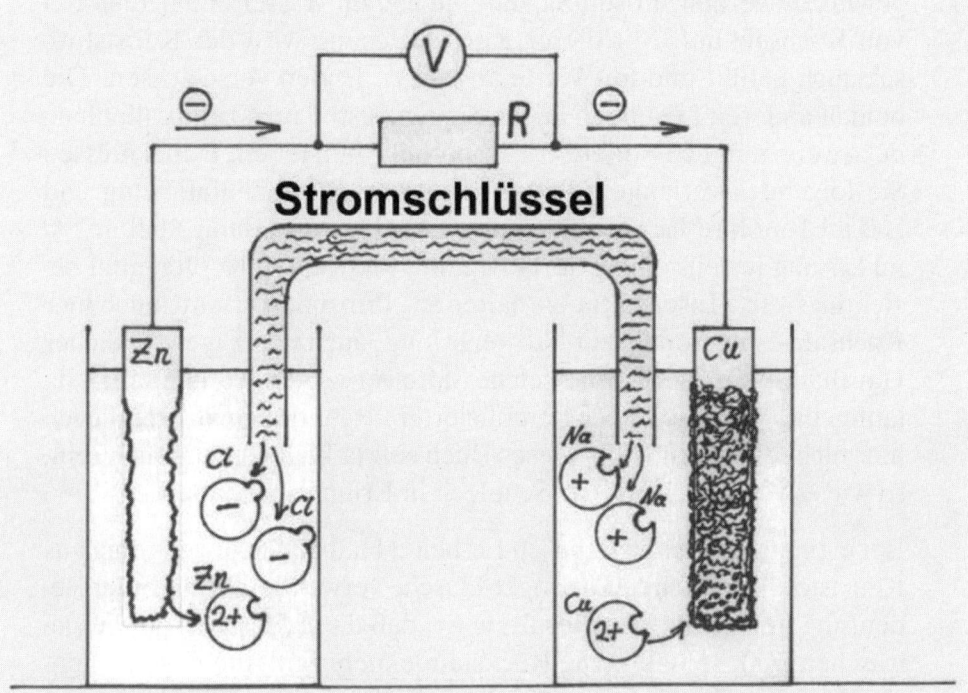

Abb. 12: Galvanisches Element, das sich aus einer Zink- und einer Kupferhalbzelle zusammensetzt

Auch wenn nicht alle ein perfekt ausgestattetes Chemielabor zu Hause haben, so können wir trotzdem mit einfachen Gegenständen des Haushalts (bis auf wenige Ausnahmen) eine solche Anordnung bauen. Dazu benötigen wir zwei leere nichtmetallene Flaschen (z.B. welche, die Duschgel enthielten), einen Kunststoffschlauch aus Gummi oder Silikon, ein Stück Kupferdraht, einen blanken Eisennagel und eine Kochsalzlösung. Außerdem benötigen Sie aus der Apotheke eine kleine Menge Kupfersulfat mit der chemischen Bezeichnung $CuSO_4$ und etwas Eisensulfat mit der chemischen Bezeichnung $FeSO_4$.

Zunächst einmal müssen Kupferdraht und Eisennagel gründlich gereinigt werden; unter Umständen mit etwas Schmirgelpapier. Um später auch ein Meßgerät ohne große Mühe anschließen zu können, sollte der Kupferdraht und der Eisennagel um etwas mehr als 90° abgewinkelt werden. Lösen Sie dann in 250 ml Wasser einen Teelöffel voll Kochsalz auf. Mit dieser Kochsalzlösung wird der Kunststoffschlauch gefüllt und mit Watte an beiden Enden verschlossen. Die beiden anderen Lösungen lassen Sie am besten im Chemikalienhandel – wenn möglich – oder in der Apotheke herstellen. Dabei müssen Sie folgendes verlangen: 200 ml 1-molare Kupfersulfatlösung und 200 ml 1-molare Eisensulfatlösung. Das bedeutet dann, daß in 200 ml Lösung jeweils eine ganz bestimmte Menge von Kupfersulfat beziehungsweise Eisensulfat enthalten ist. Prinzipiell könnte auch hier Kochsalzlösung oder zur Abwechslung auch ganz gewöhnlicher Haushaltsessig oder irgendwelche Säfte verwendet werden, aber, da laufen dann zum Teil noch kompliziertere Reaktionen ab, auf die ich hier nicht eingehen will – dieses Buch soll ja kein Chemiebuch sein, so wie es viele noch aus der Schulzeit in Erinnerung haben.

Bei meinen Versuchen habe ich für beide Halbzellen jeweils eine aus Kunststoff bestehende Duschgel-Flasche verwendet. Von großer Bedeutung für vernünftige Resultate ist, daß diese Flaschen gut ausgewaschen sind, so daß keine Rückstände mehr enthalten sind. In die eine Flasche füllen Sie dann die Kupfersulfatlösung und in die andere die Eisensulfatlösung. Nun stecken Sie das eine Ende des gefüllten Kunststoffschlauches in die eine Flasche und das andere Ende in die andere. Stecken Sie dann den abgewinkelten Kupferdraht in die Flasche, die Kupfersulfatlösung enthält und den Nagel in die Flasche mit der Eisensulfatlösung. Achten Sie darauf, daß die Füllstände beider Flaschen so hoch sind, daß der Kupferdraht, der Eisennagel und beide Enden des gefüllten Kunststoffschlauches in die jeweilige Lösung eintauchen.

Damit nicht gleich sämtliche Eisberge in der Antarktis zu schmelzen beginnen, belasten wir unsere Spannungsquelle zunächst einmal nicht zu stark. Deshalb schließen wir einen Widerstand von so ca. 100 $k\Omega$ mit Laborstrippen an den Kupferdraht und den Eisennagel an. Um auch sehen zu können, ob da jetzt wirklich eine Spannung anliegt, schließen wir noch einen Spannungsmesser an. Er wird dann, wenn alles korrekt aufgebaut ist eine Spannung von etwas weniger als 1V anzeigen. In chemischer Hinsicht laufen jetzt ähnliche Reaktionen ab, wie bei der Kombination von einer Kupferhalbzelle und

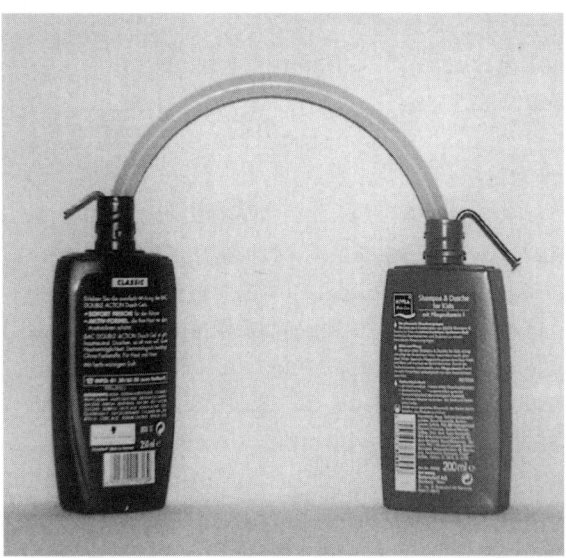

Abb. 13: Ein galvanisches Element mit (vorwiegend) einfachen Haushaltsgegenständen

einer Zinkhalbzelle, die weiter vorne bereits erläutert wurde; *Abbildung 13* zeigt den Laboraufbau.

Wer mehr über die konkreten elektrochemischen Abläufe erfahren möchte, findet stellvertretend für weitere Fachbücher, unter der Nummer [13] im Literaturverzeichnis ein Buch, das dieses Thema auf höherem Niveau ausführlich behandelt.

Zugegeben, unhandlich ist sie schon, die vorgestellte Bauform einer solchen galvanischen Zelle, wie elektrochemische Spannungsquellen nach deren Entdecker Luigi Galvani auch genannt werden. Anstelle von „Zelle" spricht man auch von Element. Es handelt sich somit um die kleinste zur Stromerzeugung noch brauchbare Einheit. Mehrere zusammengeschaltete galvanische Elemente bilden eine sogenannte Batterie . In der Alltagssprache werden aber auch häufig die einzelnen stromliefernden Bauteile bereits als Batterie bezeichnet, was nicht in jedem Fall korrekt ist. Aber das soll nicht weiter stören. Wichtig ist nur, daß man weiß, was gemeint ist. Solche galvanischen Elemente gibt es in den verschiedensten Bauformen. Der französische Chemiker G. Leclanche' (1839 bis 1882) entwickelte ein galvanisches Element, das aus einem Kohlestab, der von Braunstein umgeben ist und einem Zinkbecher, der als Gefäß und gleichzeitig als Elektrode dient. Als Elektrolyt dient Salmjaklösung, die mit Sägemehl oder Stärkekleister sehr stark eingedickt ist. Ein Elektrolyt ist eine stromleitende Flüssigkeit, in der Ionen als freibewegliche Ladungsträger vorkommen, z.B. auch Kochsalzlösung oder Orangensaft. Der konkrete Aufbau ist in *Abbildung 14* zu sehen. Dieses Leclanche' Element liefert eine Spannung von rund 1,5 V. Drei solche Elemente in Reihe zusammengeschaltet ergeben dann eine Spannung von etwa 4,5 V. Dabei ist natürlich eine sinnvolle Zusammenschaltung notwendig. Es muß die Kohleelektrode der ersten Zelle mit dem Zinkbecher der zweiten Zelle verbunden werden; ebenso der Kohlestab der zweiten mit dem Zinkbecher der dritten. Zwischen dem Zinkbecher der ersten Zelle und dem Kohlestab der dritten Zelle kann dann die genannte Spannung von 4,5 V gemessen werden. Schematisch ist diese Zusammenschaltung in der *Abbildung 15* auf der linken Seite zu sehen. Diese Anordnung, eingebaut in ein flaches Gehäuse, ergibt dann die gewohnte 4,5 V-Flachbatterie; siehe Abbildung 15 rechts. In der *Abbildung 16* sehen Sie auf der linken Seite wieder eine solche Flachbatterie. Daneben stehen die drei zusammengeschalteten Zellen einer „leeren" Flachbatterie. Rechts davon befindet sich das durch das Öffnen der Batterie beschädigte Gehäuse und vor den drei Zellen liegt der Deckel. Ganz rechts sehen

Pluspol

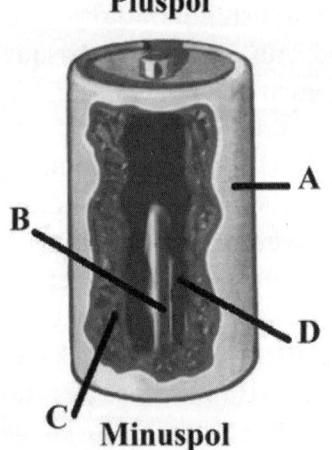

A

B

D

C

Minuspol

Abb. 14: Ein Leclanche'-Element, bestehend aus einem Zinkbecher A, der gleichzeitig als Minuspol dient, einem Kohlestab B, der den Pluspol darstellt, Salmiak-Paste C als Elektrolyt und Braunstein D

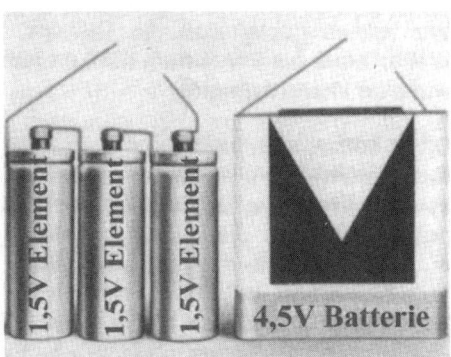

Abb. 15: Eine 4,5 V Batterie enthält
drei 1,5 V-Elemente

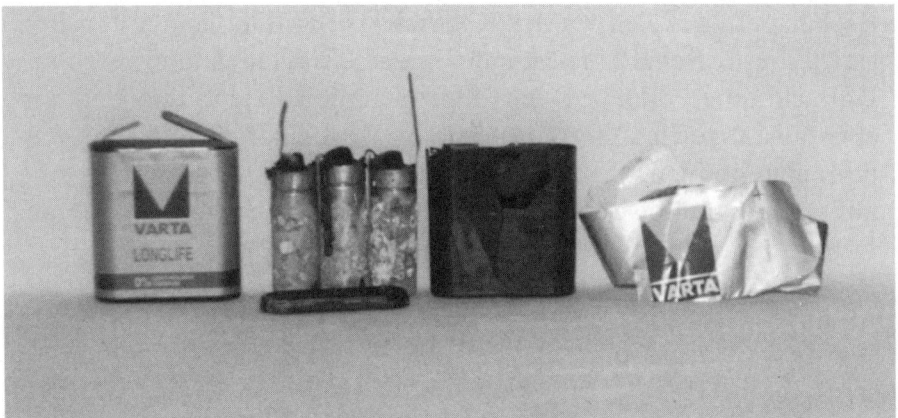

Abb. 16: Neben der 4,5 V Batterie ist eine weitere in Einzelteile zerlegt zu sehen

Sie die Papierumhüllung. Batterien gelten als verbraucht, wenn entweder der Zinkbecher durch den Elektrolyten vollkommen zersetzt oder wenn der Elektrolyt ausgetrocknet ist. Bei dem Entladen der Batterie, also, wenn sie Strom liefert, löst sich quasi das Zink auf und wandert als Zinkionen in den Elektrolyten. Bei verbrauchten Batterien lagert sich dieses entstehende Salz auch am Zinkbecher ab.

Wer jetzt Lust verspürt, selber verschiedene galvanische Elemente zu konstruieren, findet auf den folgenden Seiten entsprechende Anregungen. Eine Möglichkeit, die an das Leclanche' Element erinnert, ist in der *Abbildung 17* zu sehen. Von einer alten Batterie wird der Kohlestab entfernt und unter fließendem Wasser gereinigt. Eine metallene Dose, z.B. eine Konservendose, wird mit Wasser gefüllt –

es muß nicht destilliertes Wasser sein, sondern Leitungswasser reicht vollkommen aus. Darin lösen Sie etwa einen Teelöffel Kochsalz auf. Mit einer Krokodilklemme wird der Kohlestab fixiert und auf die Blechbüchse gelegt. Wenn dies nicht geht, so kann man auch eine kurze Holzleiste über die Büchse legen, auf die dann die Krokodilklemme gelegt wird. Der Kohlestift darf natürlich die Büchse nicht berühren. Wenn nun ein Meßgerät zwischen dem Kohlestift und der Blechbüchse angeschlossen wird, so kann man durchaus eine Spannung von so rund 1 V und etwas darüber messen. Ein weiterer schöner Versuch, mit dem die elektrochemische Spannungsreihe näher untersucht werden kann, zeigt *Abbildung 18*. In einem Becher befindet sich wieder Kochsalzlösung. Dieses mal tauchen gleich drei verschiedene Metalle hinein. Zum einen eine verzinkte Holzschraube, daneben ein abgewinkelter Eisennagel und ein ebenfalls abgewinkelter Kupferdraht. Um einen Vergleich durchführen zu können, wird mit zwei Meßgeräten gemessen. Das eine mißt die Spannung zwischen dem Eisennagel und der Zinkschrau-

Abb. 17: Mit einfachen Mitteln läßt sich eine Konservendosen-Zelle herstellen

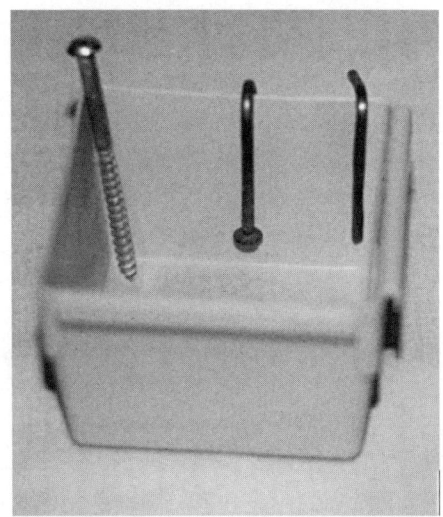

Abb. 18: Drei verschiedene Metalle tauchen in eine Salzlösung. Diese Spannungsquelle liefert unterschiedliche Spannungswerte, abhängig davon, an welchen zwei Metallen gemessen wird

be, und das zweite mißt die Spannung zwischen dem Eisennagel und dem Kupferdraht. Im ersten Fall ist die Spannung kleiner als im zweiten Fall. Auch hier ist es wichtig, daß alle zu untersuchenden Metalle sauber sind.

Alessandro Graf Volta's Versuche mit feuchtem Papier und zwei verschiedenen Metallen lassen sich auch auf einfache Weise nachvollziehen. Saugfähiges Papier, z.B. Zeitungspapier, wird mit der schon bekannten Kochsalzlösung getränkt. Dieses infiltrierte Papier legt man nun auf eine saubere Unterlage. Ein gereinigter Eisennagel und ein sauberer Kupferdraht sind wieder die Elektroden. Der Eisennagel wird unter das feuchte Papier geschoben und der Kupferdraht oben auf das Papier gelegt; in der *Abbildung 19* wird ein Eisen- und ein Kupferblechstreifen verwendet. An den Anschlüssen kann nun wieder eine Spannung von so etwa 0,7 V gemessen werden. Sollte es Schwierigkeiten dabei geben, so liegt das meistens an Kontaktschwierigkeiten, die aber durch einen leichten Druck auf den Kupferdraht behoben werden können.

Bestimmt liegt irgendwo zu Hause noch eine leere Kunststoffdose mit aufschraubbarem Deckel herum, z.B. eine vom Kosmetikschrank, die Hautcreme oder so etwas enthielt. Damit läßt sich eine

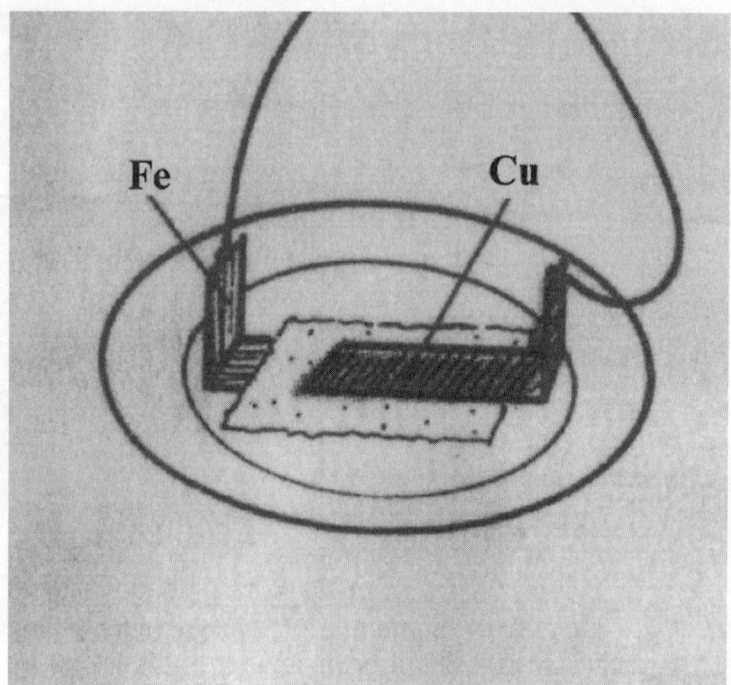

Abb. 19: Ein Eisen-, ein Kupferstreifen und ein Stück Papier, das mit Salzlösung getränkt ist, ergeben ein einfaches galvanisches Element

einfache Batterie herstellen, die sogar liegend oder kopfstehend betrieben werden kann – vorausgesetzt, der Schraubverschluß und die Elektrodendurchführungen sind dicht genug. Der Becher muß natürlich fettfrei und sauber sein. Eine verzinkte Holzschraube und ein Kupferdraht bilden die Elektroden, die natürlich wieder gereinigt werden müssen. Anschließend sticht man mit einem spitzen Nagel zwei Löcher in den Deckel; bei härteren Kunststoffen muß gebohrt werden. Der Kupferdraht und die verzinkte Holzschraube werden nun in die beiden Löcher geklebt. Als Elektrolyt dient wieder Kochsalzlösung, alternativ können auch Haushaltsessig oder Säfte verwendet werden. Der Becher wird dann bis zum Rand mit dieser Flüssigkeit gefüllt und mit dem Deckel verschlossen. Es ist wichtig, daß die Elektroden weit genug in den Becher hineinragen. Bei unsachgemäßer Handhabung kann diese Batterie gasen, so daß im Inneren ein Überdruck entsteht. Deshalb sollte hin und wieder der

Abb. 20: Aus einer leeren Kunststoffdose, einem Kupferdraht, einer Holzschraube und einem Elektrolyten läßt sich eine „komfortable" Stromquelle bauen

Deckel geöffnet werden. Mit dieser Anordnung habe ich gemäß der *Abbildung 20* eine Spannung von 700 mV gemessen.

Wenn jemand nicht so gerne Obst ist, so kann man diese Früchte auch zur Erzeugung von Elektrizität verwenden. So wie in der *Abbildung 21* zu sehen ist, wird in eine frische Birne ein sauberer Kupferdraht und ein gereinigter Eisennagel gesteckt. An beiden Anschlüssen kann man dann eine Spannung von so etwa 0,5 V bis 0,7 V messen. Auf die gleiche Weise kann man eine Spannungsquelle mit einer frischen Orange herstellen. Auch hier wird ein Kupferdraht und ein Eisennagel nach *Abbildung 22* in die Orange gesteckt. Eine Spannung von rund 0,6 V konnte hier gemessen werden. Es kann dabei im

Abb. 21: Eine „Birnen-Batterie" als Stromquelle.

Abb. 22: Eine „Orangen-Batterie" als Stromquelle

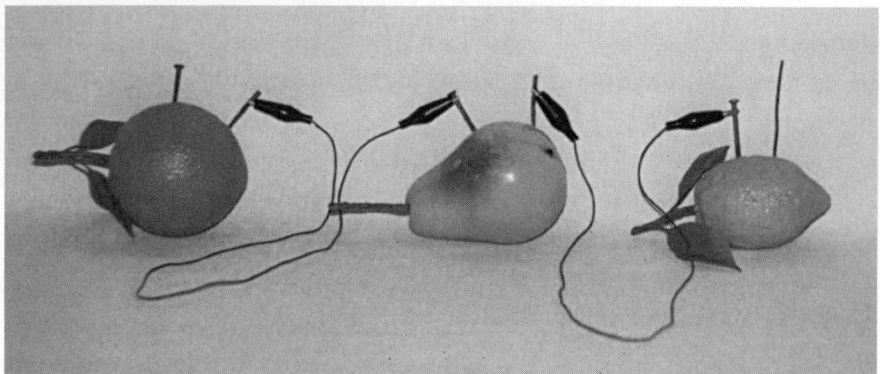

Abb. 23: Dies ist jetzt eine echte Batterie, die aus drei galvanischen Elementen besteht; Orange, Birne, Zitrone

Anfang durchaus ein Kurzschlußstrom von 40 mA fließen, der jedoch nach kurzer Zeit relativ schnell abnimmt, da ja auch der Elektrolyt – also in diesem Fall der Fruchtsaftgehalt – recht schnell verbraucht wird.

Nun zugegeben, die vorgestellten galvanischen Elemente liefern nur eine sehr kleine Spannung. Auch Volta hatte dies erkannt, und deshalb u.a. seine Volta'sche Säule entwickelt, die ja aus einer Vielzahl einzelner Zellen besteht. Wenn in geeigneter Weise mehrere Zellen hintereinander geschaltet werden, so vergrößert sich auch entsprechend die Gesamtspannung. Nach *Abbildung 23* sind drei Obst-Elemente hintereinander geschaltet, und zwar in der Weise, daß der

Kupferdraht der ersten Zelle mit dem Eisennagel der zweiten, und der Kupferdraht der zweiten mit dem Eisennagel der dritten Zelle verbunden ist. An den Eisennagel der ersten und den Kupferdraht der dritten Zelle kann ein Strommeßgerät angeschlossen werden, das den Kurzschlußstrom mißt.

Was bringen uns all diese Versuche, wenn man nicht einen Verbraucher damit betreiben kann? Nun, eins dürfte wohl von vornherein klar sein, daß man nämlich damit keine 1000 W-Flutlichtstrahler betreiben kann. Als Verbraucher eignen sich z.B. kleine Uhrenmodule oder Miniradios mit Ohrhörer. In der *Abbildung 24* ist eine „gemischte" Reihenschaltung von galvanischen Elementen zu sehen, mit der ein Uhrenmodul betrieben wird. Bei diesem Experiment habe ich vier verschiedene Elemente in Reihe geschaltet. Als Elektroden wurden wieder jeweils ein sauberer Eisennagel und ein Kupferdraht verwendet. Bei der Reihenschaltung gilt auch hier, daß der Kupferdraht des einen mit dem Eisennagel des anderen galvanischen Elementes zu verbinden ist. Nach der elektrochemischen Spannungsreihe ist Eisen unedler als Kupfer, d.h. Eisen gibt lieber Elektronen ab und geht als Eisenion in den Elektrolyten – hier ist es das Fruchtfleisch – über. Kupfer hat gegenüber dem Eisen nicht dieses Bestreben. Deshalb bildet jeweils der Eisennagel den Minuspol und der Kupferdraht den Pluspol der Batterie. Das Uhrenmodul muß demgemäß entsprechend angeschlossen werden. Wenn eine solche Anordnung im Wohnzimmer liegt, so stellt es bestimmt einen besonde-

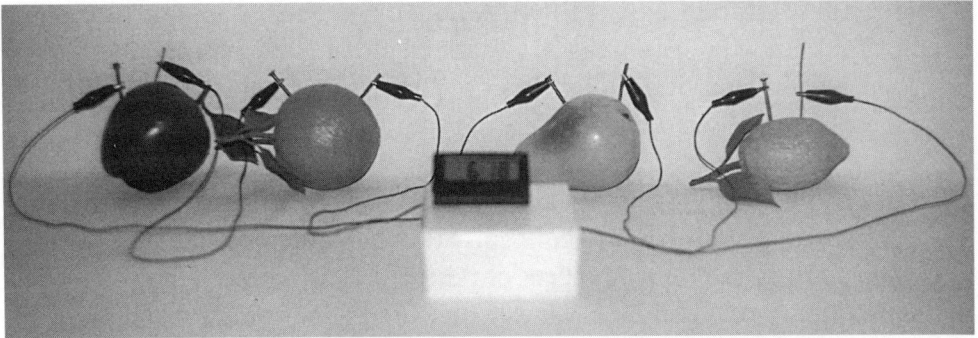

Abb. 24: Eine gemischte Reihenschaltung aus einem Apfel-, einem Orangen-, einem Birnen- und einem Zitronen-Element betreibt ein kleines Uhrenmodul

Abb. 25: Eine Blumentopf-Batterie versorgt ein Uhrenmodul

ren Blickfang für Besucher dar. Ihre Gäste werden bestimmt genauso erstaunt sein, wenn sie die Anordnung nach *Abbildung 25* in Ihrer Wohnung sehen. Ein Blumentopf mit feuchter Erde kann ebenso als Spannungsquelle dienen. Wieder sind es die sauberen Eisennägel und Kupferdrähte, die als Elektroden verwendet werden. Ein Kupferdraht und ein Eisennagel werden dicht nebeneinander in die feuchte Blumenerde gesteckt, aber so, daß sie sich nicht berühren. In einem Abstand von etwa drei Zentimeter wird ein weiteres Elektrodenpaar eingesteckt. Diese beiden galvanischen Elemente werden wieder in Reihe geschaltet (also nochmals: der Kupferdraht des einen wird mit dem Eisennagel des anderen verbunden). Nun ist es zweckmäßig, den Verbraucher – in diesem Beispiel wieder ein Uhrenmodul – anzuschließen. Für die meisten Fälle wird aber die Spannung noch zu klein sein. Wenn dies der Fall ist, so muß ein weiteres Elektrodenpaar in die Blumenerde gesteckt und in Reihe zur Batterie geschaltet werden. Das geht nun so lange, bis der Verbraucher optimal arbeitet. Bei dem Aufbau nach der Abbildung 25 waren fünf solcher Elektrodenpaare nötig, damit das Uhrenmodul zufriedenstellend funktionierte.

Es gäbe noch viele weitere Möglichkeiten zu nennen, wie man selber solche galvanischen Elemente herstellen kann, aber das würde hier zu weit führen. Wer mehr darüber wissen will, findet im Literaturverzeichnis unter [13] detailliertere Informationen. Weitere technologische Entwicklungen, die auf der Basis der galvanischen Elemente nach Alessandro Graf Volta aufbauen, sollen nur stichwortartig genannt werden:

- Die Brennstoffzelle verbraucht durch kalte Verbrennung Wasserstoff und Sauerstoff und liefert dabei quasi als Abfallprodukt elektrische Energie.
- Lithiumbatterien enthalten als negative Elektrode Lithium und als positive Elektrode Silberchromat. Sie liefern eine Spannung von 3...3,5V.
- Bei Hochtemperaturbatterien, z.B. der Schwefelbatterie, laufen die elektrochemischen Prozesse erst bei hoher Temperatur ab.
- Akkumulatoren arbeiten wie die galvanischen Elemente, allerdings mit dem Unterschied, daß man sie, wenn sie leer sind, wieder aufladen kann. Auch hier gibt es verschiedene Typen.

Leider muß ich jetzt noch etwas zur Arbeitssicherheit sagen, aber ich werde versuchen, es möglichst kurz zu halten.

Achtung, Nummer 1: Bei Experimenten mit Nahrungsmitteln, wie z.B. Säften oder Obst, die als Elektrolyt beziehungsweise als elektrolythaltige Substanzen verwendet werden, ist zu berücksichtigen, daß sich bei galvanischen Prozessen die Zusammensetzung des Elektrolyten ändert. Das bedeutet, daß diese Nahrungsmittel nicht mehr zum Genuß geeignet sind, da sich unter Umständen giftige Inhaltsstoffe gebildet haben können. Oberstes Gebot bei chemischen Versuchen – und dazu zählen auch die hier vorgestellten Anregungen – ist es, keine Geräte und sonstigen Objekte, wie z.B. Elektroden, in den Mund zu nehmen und auch keine

Chemikalien, wie z.B. die Elektrolyten zu schlucken. Sollte von der Kupfersulfatlösung oder der Eisensulfatlösung ein Spritzer in die Augen gelangen, dann müssen diese sofort mit viel Wasser ausgespült werden. Auch wenn es sich dabei normalerweise nicht um ätzende Flüssigkeiten handelt, ist es doch ratsam, vorsichtshalber einen Arzt aufzusuchen.

Diesen Abschnitt könnte ich jetzt noch bis ins Unendliche fortführen, so z.B. daß man sich die Elektroden nicht in die Ohren stecken soll, oder daß man sich mit den Elektrolyten nicht die Augen waschen soll usw. Das ist hier das gleiche, wie mit dem Hund im Mikrowellenherd. Ausschlaggebend ist, daß man mit dem gesunden Menschenverstand vorgeht, und dann kann auch gar nichts schiefgehen.

Nach all den Experimenten stellt sich dann auch die Frage: Wohin denn nun mit dem „Müll"? Ganz klar, Batterien – so wie man sie im Handel kaufen kann – gehören nach Gebrauch grundsätzlich nicht in die Mülltonne oder gar in die Umwelt, sondern in den Sondermüll! Dafür gibt es bereits seit ein paar Jahren an vielen Stellen spezielle Behälter mit der Aufschrift „Altbatterien" oder so ähnlich. Die Früchte, wie Birnen u.a., die bei den hier vorgestellten Versuchen benutzt wurden, dürften ohne Probleme auf dem Komposthaufen oder in der Biotonne Platz finden. Problematisch wird es bei den Kupfersulfat- und Eisensulfatlösungen. Diese dürfen auf keinen Fall in den Ausguß geschüttet werden. Am besten sehen Sie im Telefonbuch oder im Branchenfernsprechbuch unter den Stichworten „Entsorgungsbetriebe" oder „Sondermüllentsorgung" nach Unternehmen, die in Ihrer Nähe sind und fragen dort einfach mal nach, wie Sie dieseSubstanzen umweltgerecht entsorgen können.

Die bisher vorgestellte schulgeschichtliche Entwicklung stellt nur einen sehr kleinen Ausschnitt dar, und außerdem wurden auch nur ein paar wenige Namen genannt. Das soll für dieses Kapitel auch einmal genügen. Waren aber Luigi Galvani und Alessandro Graf Volta wirklich die ersten, die sich mit dieser elektrochemischen Elektrizität beschäftigten, und war Volta der erste, der elektrischen Strom mit seiner Volta'schen Säule erzeugt hat? Nun, es gibt da auch noch ganz andere Meinungen. Beispielsweise sollen bereits die Babylonier Batterien genutzt haben, wobei der Aufbau ähnlich war, wie in diesem Buch vorgestellt. Peter Krassa und Reinhard Habeck datieren die Technologie elektrochemischer Elemente noch weiter zurück. Sie zeigen in ihrem Buch „Das Licht der Pharaonen" (siehe [2] im Literaturverzeichnis), daß bereits im Reich der Pharaonen Batterien benutzt wurden. Danach besaßen die ägyptischen Hohenpriester schon vor ein paar Jahrtausenden das Wissen über die Elektrizität und deren Anwendungsmöglichkeiten. In der alten Partherstadt Hatra, die im heutigen Nordirak liegt, vermochten schon vor rund 2000 Jahren die Priestermagier eine elektrische Zelle herzustellen, die sich vorzüglich zum Vergolden eignete. Sie bestand aus einem Tongefäß, in dem sich ein Kupferrohr befand, das am oberen und unteren Ende mit Asphalt abgedichtet war. Durch die Asphaltstöpsel führte ein Eisenstab, so daß er das Kupferrohr nicht berührte. Dazwischen befand sich eine Säure, beispielsweise in Form von frisch gepreßtem Traubensaft. Zwischen Kupfer und Eisen entsteht dabei eine Spannung von so etwa $0{,}5\,V$ – eine verblüffende Ähnlichkeit zu den weiter vorne beschriebenen Experimenten. Ein anderer Fund erschüttert aber auch die Schulwissenschaft; es handelt sich um eine Wandgravur des prähistorischen Hathortempels in Dendera. Die einen sehen darin nur ein Amulett des alten Ägyptens, das bei kultischen Zeremonien Verwendung fand. Doch hierzu ein kurzes Zitat aus dem Buch „Die Physik der Pharaonen" von Peter Krassa und Reinhard Habeck (siehe [2] im Literaturverzeichnis): „Wir sind uns sicher, in dem angeblichen „Amulett" ein galvanisches Gerät erkannt zu haben – eine stromerzeugende Apparatur, die möglicherweise ähnlich funktionierte wie die parthische Batterie in Bagdad. Unsere Annahme, daß die auf dem Relief sichtbare Frucht eine halbierte Zitrone (oder Orange) darstellt, ist ebenso begründet wie die von uns hergestellte Querverbindung dieses Gegenstandes zu jenem irakischen Artefakt."

Wenn dem so ist, dann müßten die elektrochemischen Elemente nicht zu Ehren von Luigi Galvani die Galvanischen Elemente genannt werden, sondern entsprechend Pharaonische Elemente.

4.2 Die Galvanik

Wie die meisten von uns, so hat auch Herr Mayer ein Hobby, und zwar ein sehr ausgefallenes. Er liebt die großen amerikanischen Trucks über alles. Besonders vernarrt ist er in das viele verchromte Blech – wobei er das Wort Blech überhaupt nicht gerne hört. Seiner Frau hat er, als Entschädigung für sein Hobby, eine vergoldete Halskette zu ihrem Geburtstag geschenkt. Das hat sie ihm auch etwas übel genommen, denn eigentlich hatte sie sich ein Paar Ohrringe aus reinem Gold oder Silber mit einem Edelstein gewünscht und nicht nur ein „wertloses Hundehalsband mit Goldfarbe". Julia schwärmt da lieber vom Geburtstag ihrer besten Freundin. „Es war einfach toll, sogar den Nachtisch haben wir mit vergoldetem Besteck gegessen ..." Der Rest der Familie schüttelt da nur verständnislos den Kopf. Nur Kater Tom miaut und will damit sagen, daß ihm das alles eigentlich egal ist. Er will nur endlich sein Mittagsfressen in seinem geliebten verzinkten Napf. Sohn Tobias Mayer drückt sich aber gerade viel lieber im Hobbyraum herum. Elektronik ist momentan eines seiner Hobbies. Gerade lötet er einen Transistor mit vergoldeten Anschlüssen in eine Platine.

Wie man sieht, ist bei Familie Mayer immer etwas los. Aber noch mehr wird deutlich, denn praktisch überall im Leben begegnen uns irgendwelche Gegenstände, die mit einer besonderen Metallschicht überzogen sind. Nachdem nun Alessandro Graf Volta erstmals brauchbare Spannungsquellen entwickelt und gebaut hatte, war es damit erstmals möglich, die Elektrizität und den Leitungsvorgang näher zu untersuchen. Im Jahre 1802 gelang es dem schwedischen Chemiker Jöns Jacob Freiherr von Berzelius (20. August 1779 bis 07. August 1848) erstmals, wäßrige Salzlösungen mit Hilfe des elektrischen Stromes zu zersetzen. Ein paar Jahre später führte der britische Chemiker und Physiker Humphry Davy (17. Dezember 1778 bis 25. Mai 1829) entsprechende Versuche mit Salzschmelzen durch. Er erarbeitete die Grundlagen für die Darstellung von Metallen aus geschmolzenen Metallsalzen . Damit aber bei diesen elektrochemischen Reaktionen auch ein Strom fließen kann, sind sowohl bei den Salzlösungen, als auch bei den Salzschmelzen elektrisch geladene Ionen nötig, die während des Ablaufs frei beweglich sind. Man spricht bei diesen Zersetzungsprozessen von Elektrolysen. Unter Elektrolyse versteht man also vereinfacht die Zerlegung chemischer Substanzen mit Hilfe des elektrischen Stromes. Ein grandioser Schüler von Davy war der britische Physiker und Chemiker Michael Faraday (22. September 1791 bis 25. August 1867). Er arbeitete als Professor für Chemie an der Royal Institution in London und untersuchte die elektrolytischen Vorgänge intensiv und stellte dabei zwischen 1833 und 1834 die nach ihm benannten Faraday'schen Gesetze der Elektrolyse auf. Vereinfacht gesagt besagen diese Gesetze, daß zwischen dem Strom, der in einer bestimmten Zeit durch einen Elektrolyten fließt und der abgeschiedenen Stoffmenge ein ganz bestimmter Zusammenhang besteht. Also auf Normaldeutsch heißt das, daß wenn ein bestimmter Strom doppelt so lange fließt, dann scheidet sich auch die doppelte Stoffmenge ab. Was da jetzt konkret im Inneren der Salzlösungen oder Salzschmelzen vorgeht, konnte Faraday damals noch nicht erklären, er wußte nur, daß es sich um elektrisch geladene Teilchen handelt, die entladen werden. Ja sogar die Größe der Ladungen verschiedener Ionen konnte er ermitteln. Doch erst 1884 konnte der schwedische Naturwissenschaftler Svante Arrhenius (19. Februar 1859 bis 02. Oktober 1927) klären, welcher Charakter hinter den elektrisch geladenen Teilchen steckt. Arrhenius begründete die Theorie der elektrolytischen Dissoziation. Was heißt das nun? Salze sind Stoffe, die aus positiv und negativ geladenen Ionen bestehen; beispielsweise besteht Kochsalz aus positiv geladenen Natriumionen und genauso vielen negativ geladenen Chloridionen. Im festen Zustand, also im Kristallgitter, sind diese Ionen unbeweglich an ihre Gitterplätze gebunden. Ein elektrischer Strom kann dabei nicht fließen. Erst, wenn Salze in einem geeigneten Lösungsmittel, z.B. Wasser, aufgelöst werden, wird das geordnete Kristallgitter zerstört, wobei die einzelnen Ionen dann im Lösungsmittel frei beweglich sind. Die andere Möglichkeit ist die, ein Salz durch Wärmezufuhr zum Schmelzen zu bringen. In diesem Fall sind nur die Ionen des Salzes in freibeweglichem Zustand vorhanden. In beiden Fällen kann ein elektrischer Strom fließen, da freibewegliche Ionen vorhanden sind. Dieser Zerfall von Salzen in freibewegliche Ionen durch Schmelzen oder Auflösen in einem geeigneten Lösungsmittel wird elektrolytische Dissoziation genannt. Tauchen zwei Elektroden in ein elektrolytisch dissoziiertes System ein und sind sie mit einer Spannungsquelle verbunden, so fließt ein elektrischer Strom. Dieser Strom bewirkt, daß die Ionen entladen werden, so daß elektrisch neutrale Atome oder Moleküle entstehen. Diejenige Elektrode, die mit dem Pluspol der Spannungsquelle verbunden ist, wird als Anode und diejenige, die mit dem Minuspol verbunden ist, als Katode bezeichnet. Gemäß dem physikalischen Gesetz „gleichnamige Ladungen stoßen sich ab und ungleichnamige ziehen sich an" wandern positiv geladene Ionen zur Katode und werden deshalb als Kationen bezeichnet. Negativ geladene Ionen wandern zur Anode und heißen deshalb Anionen. Die Anionen geben an der Anode entsprechend ihrer Ladung Elektronen ab, so daß aus ihnen elektrisch neutrale Atome oder Moleküle werden. An der Katode findet entsprechendes statt, nur daß dort die Kationen entsprechend ihrer Ladung Elektronen aufnehmen. In der *Abbildung 26* ist dies anschaulich dargestellt. Dort sieht man einen Schmelztiegel, in dem das Salz Zinkchlorid zum Schmelzen gebracht wird. Diese Verbindung besteht aus Zink und Chlor, und schmilzt bei 318 °C. Dabei bilden sich frei bewegliche, positiv geladene Zinkionen, denen jeweils zwei Elektronen fehlen und gleich viele negativ

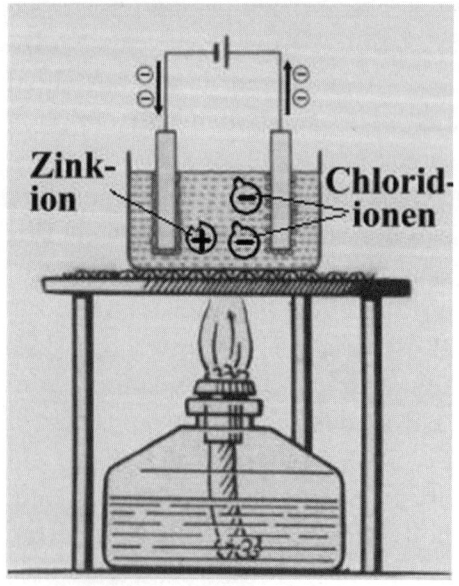

Abb. 26: Elektrolyse von geschmolzenem Zinkchlorid. Zinkionen tragen eine positive Ladung und nehmen deshalb an der Katode jeweils zwei Elektronen auf; Chloridionen sind negativ geladen und geben jeweils ein Elektron an der Anode ab

geladene Chlorionen – korrekterweise nennt man sie Chloridionen – die jeweils ein Elektron zu viel haben. Zinkionen wandern demnach zur Katode, nehmen dort jeweils zwei Elektronen auf und lagern sich als elementare metallene Zinkschicht ab. An der Anode geben die Chloridionen ihr Elektron ab und es entweicht das grüne Chlorgas.

Doch nicht nur Salze lassen sich elektrolytisch zerlegen, auch bei Wasser ist das möglich. In einem einfachen Versuch können wir das nachvollziehen. Noch bis in das 18. Jahrhundert glaubte man, das Wasser sei ein Element und damit ein unzerlegbarer Stoff. Wasser besteht, so wissen wir heute, aus den beiden Gasen Wasserstoff und Sauerstoff. Den Versuchsaufbau zeigt *Abbildung 27*. Isolierter Kupferdraht wird an beiden Enden etwa 1 cm weit abisoliert und S-förmig gebogen. Zwei Stücke werden davon benötigt. Ein Becherglas wird mit gewöhnlichem Leitungswasser gefüllt, in das jeweils das eine Ende der beiden Elektroden eintaucht. Ein durchsichtiges Tablettenröhrchen oder noch besser ein Reagenzglas wird ebenfalls mit Wasser gefüllt, die Öffnung mit dem Daumen verschlossen und mit der Öffnung nach unten über beide blanken Enden gestülpt. Unter Wasser wird dann der Daumen wieder weggenommen. Keine Sorge, das Röhrchen läuft nicht leer, denn der herrschende Luftdruck sorgt dafür, daß das Wasser nicht ausläuft. An die beiden restlichen blanken Enden schließen Sie eine 4,5 V-Flachbatterie an. Schon nach kurzer Zeit können Sie beobachten, daß sich bereits an den Elektroden kleine Gasbläschen bilden. Es handelt sich dabei um Wasserstoff und Sauerstoff – nebenbei sind auch noch geringe andere Bestandteile enthalten, da ja kein reines Wasser, sondern eben mit geringen „Verunreinigungen" behaftetes Leitungswasser verwendet wird. Die Gasbläschenbildung ist allerdings sehr gering, sie kann jedoch gesteigert werden, wenn man in das Becherglas eine kleine Menge, etwa 10 ml, 0,1-molare Natronlauge gibt – diese Flüssigkeit können Sie in der Apotheke besorgen. Das ist eine chemische Verbindung, die in etwas konzentrierterer Form schwere Verätzungen verursachen kann, und deshalb nicht mit Augen, Schleimhäuten oder Haut in Berührung kommen darf. Wenn das doch einmal der Fall sein sollte, muß mit viel Wasser gespült und ein Arzt zu Rate gezogen werden. Bei gewissenhaftem Umgang kann aber nichts passieren. Auf diese

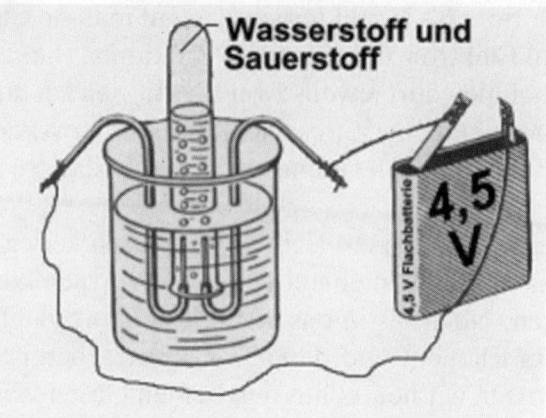

Abb. 27: Die Elektrolyse von Wasser

Weise wird erreicht, daß die Leitfähigkeit des Wassers zunimmt und damit dann auch die Bildung der Gasblasen. Der Versuch wird abgebrochen, wenn alles Wasser aus dem Röhrchen verdrängt ist. Dann befindet sich in dem Reagenzglas eine Mischung aus Wasserstoff und Sauerstoff.

Nehmen Sie dann das Röhrchen mit der Öffnung nach unten heraus und halten es waagerecht, mit der Öffnung vom Gesicht weg, an eine Feuerzeug- oder Streichholzflamme. Das Gas wird sich dann mit einem lauten und pfeifenden Knall entzünden. Deshalb nennt man dieses Wasserstoff-Sauerstoff-Gemisch auch Knallgas. Als Reaktionsprodukt entsteht dabei dann, quasi als Abfallprodukt, wieder Wasser. Werden Salze in Wasser gelöst und elektrolytisch zerlegt, so sind außer den Ionen des Salzes auch Wassermoleküle vorhanden, die ebenfalls zu einem kleinen Teil in Ionen zerfallen, und damit ebenfalls am elektrolytischen Prozeß beteiligt sind. Welche Ionen nun an den Elektroden zuerst reagieren, hängt von mehreren Faktoren ab. Zwei Elektroden bilden im Elektrolyten ein galvanisches Element, dessen „selbsterzeugte" Spannung der äußeren Spannung entgegenwirkt. Folglich muß in so einem Fall die äußere Spannung mindestens genau so groß sein. Dann fließt aber immer noch kein Strom, weil auch noch der elektrische Widerstand des Elektrolyten vorhanden ist. Das heißt, daß die äußere Spannung noch etwas größer sein muß, damit überhaupt ein Strom fließen kann. Wie schon erwähnt, sind in den Salzlösungen aber verschiedene Ionen vorhanden. An den Elektroden reagieren nun diejenigen Ionen zuerst, die am leichtesten ihre fehlenden Elektronen aufnehmen beziehungsweise ihre Überzahl an Elektronen abgeben. Welche Ionen das sind, kann man aus der elektrochemischen Spannungsreihe entnehmen. Erschwerend kommt bei der Elektrolyse noch ein anderer Effekt hinzu. Werden an einer Elektrode Nichtmetalle abgeschieden, wie z.B. das grüne Gas Chlor, so wird dadurch der Elektronenaustausch an der mit Gasblasen bedeckten Elektrode erschwert. Folglich nimmt der Strom ab und damit auch die elektrolytische Zersetzung des Salzes. Es spielen noch eine Menge weiterer Größen eine Rolle. Um aber nicht allzusehr in den Tiefen der – höchst interessanten – theoretischen Chemie abzudriften, lassen wir das einfach mal jetzt so stehen und wenden uns lieber den technischen Anwendungen der Elektrolyse zu.

Technische Anwendung findet die Elektrolyse beispielsweise bei der Chloralkali-Elektrolyse, von der es mehrere Verfahren gibt. Wir betrachten hier das sogenannte Amalgamverfahren. *Abbildung 28* zeigt den schematischen Aufbau so einer Anlage. Deutlich sind die Kohleelektroden zu erkennen, die als Anode geschaltet sind. Als Katode wird das bei Raumtemperatur flüssige Quecksilber verwendet, das sich als untere Schicht am Boden des Elektrolysegefäßes befindet.

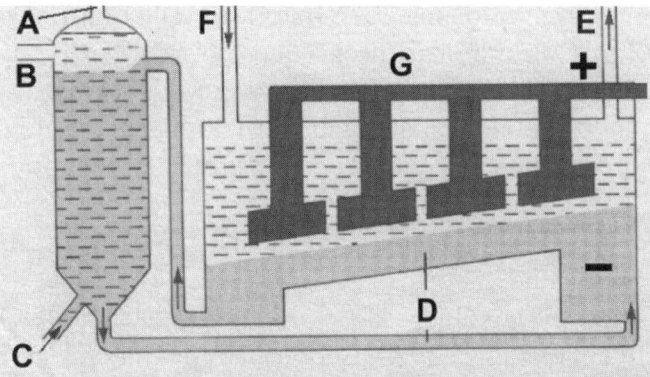

Abb. 28: Chlor-Alkali-Elektrolyse nach dem Amalgamverfahren. A Wasserstoffauslaß, B Entnahme der Natronlauge, C Wasserzufluß, D Quecksilberkatode, E Chlorgasauslaß, F Zugabe von Kochsalzlösung, G Kohleelektroden

Kochsalzlösung wird auf der einen Seite eingeleitet und im Inneren elektrolytisch zersetzt. Bei einer Betriebsspannung von etwa 4 V fließen Ströme von rund 30 kA (!). Chloridionen der konzentrierten Kochsalzlösung wandern aufgrund ihrer negativen Ladung zur Anode und werden dort entladen. Das grüne Chlorgas entweicht aus der Lösung und wird über einen Rohranschluß aufgefangen. Aufgrund ihrer positiven Ladung wandern die Natriumionen zur Katode, wo auch sie entladen werden. Natrium löst sich allerdings sehr leicht im Quecksilber auf und bildet dabei die Legierung Natriumamalgam, das sich im restlichen Quecksilber auflöst. So entsteht Amalgam mit etwa 0,15% bis 0,25% Natriumgehalt. Dieses Amalgam wird in ein weiteres Gefäß gepumpt, in das Wasser eingeleitet wird. Natrium reagiert nun mit dem Wasser unter Bildung von Natronlauge und Wasserstoff, die beide getrennt aufgefangen werden. Das dadurch gereinigte Quecksilber wird wieder in das Elektrolysegefäß zurückgepumpt. Verwendung findet das so hergestellte Chlor unter anderem in der Kunststoffindustrie. Natronlauge wird in großen Mengen bei der Seifenherstellung und bei der Papiergewinnung gebraucht. Wenn Sie das nächste Mal wieder eine Laugenbrezel essen, dann nehmen Sie auch eine kleine Menge an Natronlauge zu sich, da die Brezeln vor dem Backen in etwa 3%ige Natronlauge getaucht werden. Mit Wasserstoff waren früher die ersten Zeppeline gefüllt, da es das leichteste Element ist. Heute wird Wasserstoff in großen Mengen in der chemischen Industrie benötigt; außerdem fahren schon einige Autos mit Wasserstoff anstelle von Benzin. Wenn statt Kochsalz, das die chemische Bezeichnung NaCl hat, Kaliumchlorid, mit der chemischen Bezeichnung KCl, verwendet wird, so erhält man keine Natronlauge sondern Kalilauge. Kalilauge wird ebenfalls in der chemischen Industrie in großen Mengen verwendet.

Wenn Sie jetzt Lust bekommen haben, selber aktiv zu werden, dann geht das im folgenden Versuch auch ohne giftige Chemie – besonders ohne das hochgiftige Quecksilber. *Abbildung 29* zeigt den Versuchsaufbau. In ein Gefäß, z.B. ein Becherglas oder einen kleinen Kunststoffeimer, geben wir – der Einfachheit halber – etwa 250 ml Leitungswasser und lösen darin 2 Teelöffel Kochsalz auf. Als Elektroden verwenden wir die gleichen, wie im vorherigen Versuch und stülpen

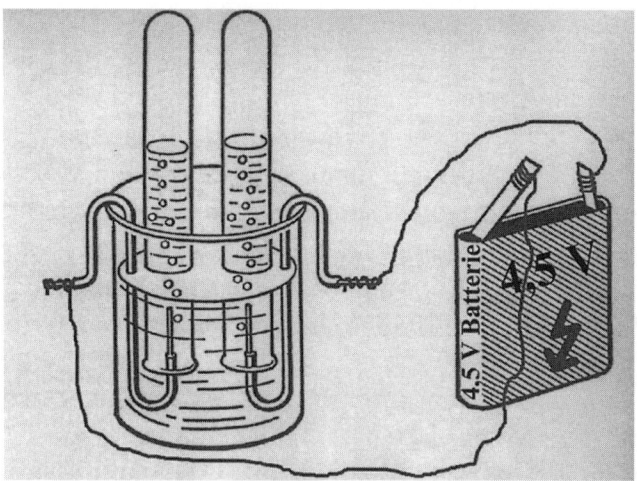

Abb. 29: Die Chlor-Alkali-Elektrolyse kann auch mit einfachen Mitteln durchgeführt werden

über jede jeweils ein Reagenzglas oder ein Tablettenröhrchen, ähnlich wie beim vorherigen Versuch. Nachdem eine 4,5 V-Batterie angeschlossen ist, bilden sich an beiden Elektroden Gasblasen. An der Anode, also an der Elektrode, die mit dem Pluspol der Batterie verbunden ist, entsteht Chlorgas, das größtenteils in das Röhrchen entweicht. An der Katode bildet sich Wasserstoff, da Natrium wesentlich unedler ist als Wasserstoff – aufgrund der elektrochemischen Spannungsreihe. Man kann sich das auch so klarmachen, daß da zwar zunächst Natrium entsteht, aber sofort mit dem Wasser Natronlauge bildet und dabei Wasserstoff abgibt. Bei diesem einfachen Versuch bildet sich aber keine reine Natronlauge, weil zum einen Leitungswasser und nicht hochreines Wasser verwendet wurde. Zum anderen reagiert teilweise das Chlor mit der Natronlauge und dem Wasser. Deshalb sind die großtechnischen Verfahren auch komplizierter aufgebaut.

Ein vielseitig verwendbares Metall ist das Aluminium, das 1825 von dem dänischen Physiker Hans Christian Oersted (1777 bis 1851) und 1827 in reiner Form von dem deutschen Chemiker Friedrich Wöhler (1800 bis 1882) hergestellt wurde. Seit Ende des neunzehnten Jahrhunderts wird Aluminium auf elektrolytischem Wege hergestellt. Da Aluminium ein sehr unedles Metall ist, läßt es sich auf chemischem

Wege nicht preiswert genug herstellen. Deshalb wird in großtechnischem Maße die Schmelzflußelektrolyse angewendet; siehe *Abbildung 30*. Als häufigstes Metall in der Erdrinde kommt Aluminium vorwiegend in Silikaten vor. Hergestellt wird Aluminium aus Bauxit, das gut zur Hälfte aus Aluminiumoxid besteht, einer Verbindung aus Aluminium und Sauerstoff. Reines Aluminiumoxid schmilzt erst bei etwa 2050 °C. Deshalb nimmt man eine Mischung aus Natrium-Aluminium-Fluorid und Aluminiumoxid, weil dadurch der Schmelzpunkt auf etwa 900 °C bis 1000 °C herabgesetzt wird. Die Elektrolyse findet in einer Graphitwanne statt, die als Katode geschaltet ist. Dort entladen sich dann die positiv geladenen Aluminiumionen, wobei sich das flüssige Metall in der Graphitwanne ansammelt. Darüber schwimmt die leichtere Aluminiumoxidhaltige Schmelze. Von oben her ragen dicke Graphitelektroden in die Schmelze, die als Anoden geschaltet sind. Zu ihnen wandern die negativ geladenen Sauerstoffionen, die dort entladen werden. Leider entweicht dabei der Sauerstoff nicht einfach so in die Umgebung, sondern verbindet sich mit dem Graphit, so daß Kohlendioxid und Kohlenmonoxid entsteht,

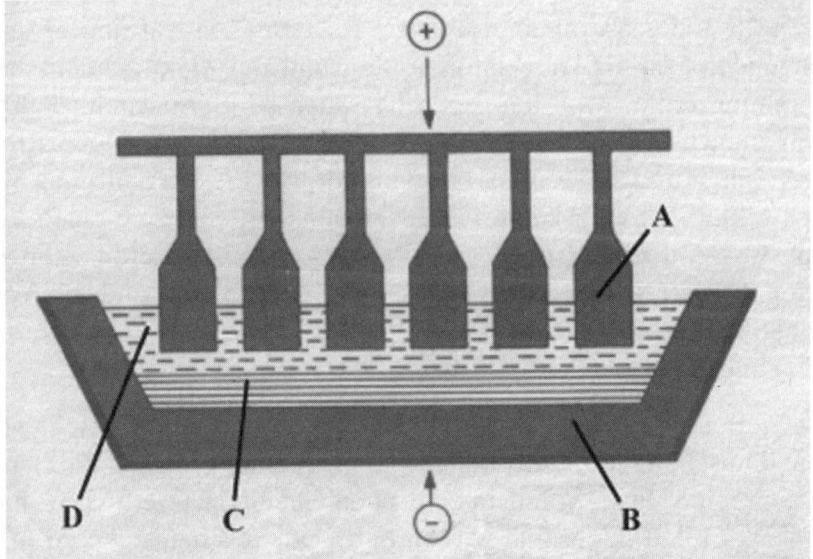

Abb. 30: Schmelzflußelektrolyse zur Herstellung von Aluminium. A Graphitelektroden, B Graphitwanne, C flüssiges Aluminium, D aluminiumoxidhaltige Schmelze

das dann entsorgt wird. Elektrolysiert wird bei einer Spannung von etwa 6 V und Strömen von ca. 100 kA. Um einen kontinuierlich ablaufenden Prozeß zu erhalten, wird das verbrauchte Aluminiumoxid laufend ergänzt. Infolge seiner größeren Dichte sammelt sich das flüssige Aluminium am Boden der Graphitwanne. Es wird nach bestimmten Zeitabschnitten entnommen.

Aluminium hat die Eigenschaft, daß es sich, sobald es mit Sauerstoff in Berührung kommt, sofort mit einer dünnen, durchsichtigen Aluminiumoxidschicht überzieht. Das darunter liegende Aluminium ist dann vor weiterer Oxidation geschützt. Da diese Schicht sehr dünn ist, kann sie auch leicht beschädigt werden, wobei diese Kratzer an der Luft schnell wieder „verheilen". Mit Hilfe der Elektrolyse gelingt es, diese Aluminiumoxidschicht zu verstärken. Man nennt diesen Prozeß Eloxal-Verfahren, was die Abkürzung für Elektrisch-Oxidiertes-Aluminium ist. Mit einfachen Mitteln läßt sich das gemäß *Abbildung 31* einmal selber nachvollziehen. Füllen Sie ein Becherglas – der Einfachheit halber – mit Leitungswasser und fügen, genauso wie bei der Wasserlektrolyse zur Herstellung von Knallgas, 10 ml 0,1 molare Natronlauge hinzu und rühren gut um. Anschließend stellen Sie einen sauberen, blanken Aluminiumstab

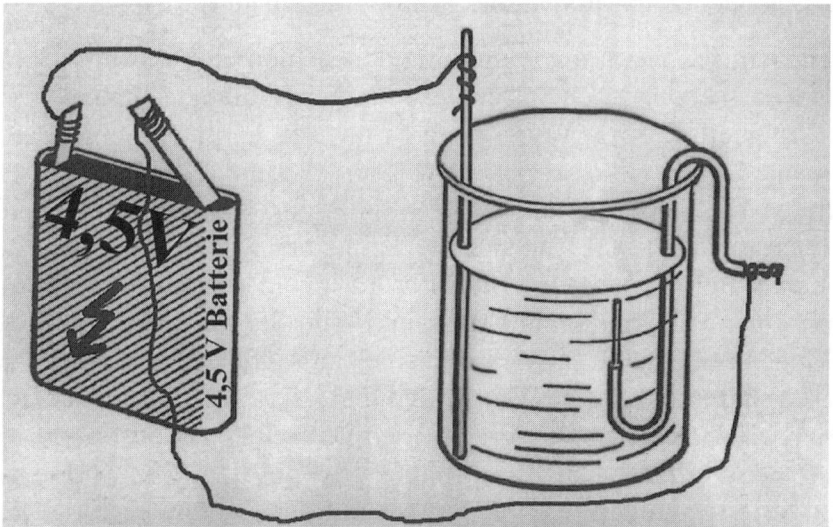

Abb. 31: Mit diesem einfachen Versuchsaufbau kann man ELOXAL herstellen

hinein, der zuvor mit etwas feinem Schmirgelpapier blank gemacht wurde. Wenn der Stab zu kurz ist, so kann man ihn mit einer Wäscheklammer fixieren, die man auf den Rand des Becherglases legt. Dieser Aluminiumstab wird mit dem Pluspol einer 4,5 V-Flachbatterie verbunden. Als Katode verwenden wir wieder den s-förmig gebogenen Kupferdraht. Nach einiger Zeit beobachtet man bereits, daß das vorher blanke Aluminium nun matt aussieht. Das matte Aussehen rührt von der Aluminiumoxidschicht her, die während der Elektrolyse entstanden ist. Dabei hat sich nämlich am Aluminiumstab Sauerstoff gebildet, der sich sofort mit dem Aluminium verbunden hat. An der Katode entsteht während der Elektrolyse Wasserstoff. Es wird dabei das Wasser elektrolytisch zersetzt. Das Natriumhydroxid dient lediglich dazu, die Leitfähigkeit zu verbessern. Aluminiumoxid ist eine harte Schicht, die das darunter liegende Aluminium vor weiterer Korrosion schützt.

Was Sie vielleicht erstaunen wird, Sie haben gerade eben im letzten Versuch etwas hergestellt, das auch in der Natur vorkommt und dort als Edelstein bezeichnet wird. Ja wirklich. Denn der Edelstein Korund besteht überwiegend aus Aluminiumoxid. Abwandlungen davon sind der Rubin und der Saphir. Rubine sind die rote Variante von Korund. Saphire stellen die höchstwertigen Edelsteine dar, die es in verschiedenen Farbtönen und Schattierungen gibt.

Ähnlich, wie man aus Aluminiumoxid Aluminium gewinnt, kann man auch aus anderen Salzen die enthaltenen Metalle elektrolytisch abscheiden. Besorgen Sie sich, z.B. aus der Apotheke, eine kleine Menge Kupfersulfat. In 200 ml Wasser – Leitungswasser reicht für diesen Versuch völlig aus – lösen Sie 10 mg Kupfersulfat in einer Kunststoffschale auf. Tauchen Sie dann einen Kohlestab – von einer alten Batterie – oder eine Bleistiftmine hinein; beide lassen sich gut mit einer Wäscheklammer fixieren. Wenn Sie nicht am Rand der Schale liegen bleibt, so kann man eine kleine Holzleiste auf die Schale legen und darauf die Wäscheklammer. Als zweite Elektrode nehmen wir wieder vom vorhergehenden Versuch den s-förmig gebogenen Kupferdraht. Die Bleistiftmine wird mit dem Minuspol einer Batterie verbunden und der Pluspol mit der Kupferelektrode. Zur Abwechslung kann man auch einmal eine selbstgebaute Birnenbat-

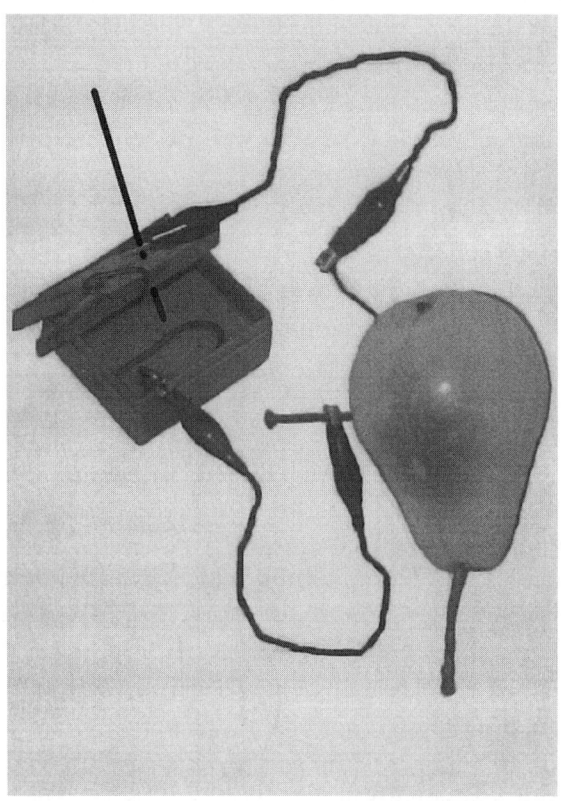

Abb. 32: Auch ohne moderne High-Tech kann man eine Bleistiftmine verkupfern; als Stromquelle dient ein galvanisches Birnen-Element

terie verwenden – also eine frische Birne, in der ein Kupferdraht und ein Eisennagel stecken, wobei der Eisennagel der Minuspol und der Kupferdraht der Pluspol bildet, so wie es in *Abbildung 32* zu sehen ist. Nach einiger Zeit wird sich der Teil des Kohlestabes oder der Bleistiftmine, der in die Kupfersulfatlösung eintaucht, rötlich bis rotbraun einfärben, was nichts anderes ist, als die Abscheidung von elementarem Kupfer.

In diesem einfachen Versuch wurde ein Verfahren vorgestellt, das auch großtechnische Anwendung findet. Es ist die sogenannte Galvanotechnik, die auch manchmal als katodische Metallabscheidung bezeichnet wird, da sich an der Katode eine Metallschicht abscheidet. Dabei werden vorbereitete metallene Gegenstände in einen Elektrolyten getaucht, der ein Salz gelöst enthält, welches das abzuscheidende Metall in Ionenform enthält. Meistens sind noch weitere

Bestandteile enthalten, die den Ablauf des Elektrolyseprozesses und die Haftung des abgeschiedenen Metalls begünstigen. Als Anode werden meistens Elektroden aus dem Metall verwendet, das auch abgeschieden wird. Während der Elektrolyse werden den Atomen der Anode Elektronen entzogen. Ionen dieses Metalls gehen dann in die Lösung über, wandern zur Katode, nehmen dort wieder ihre Elektronen auf und scheiden sich als Metallatome auf der Katode nieder. Auf diese Weise lassen sich stromleitende Körper verchromen, versilbern, vergolden, verkupfern etc.

Bis vor ein paar Jahren wurden beispielsweise Stoßstangen bei Autos verchromt – heute bestehen sie vielfach aus lackiertem Kunststoff. Auch nichtleitende Gegenstände kann man galvanisch mit Metallen überziehen, wenn man sie vorher mit einer leitfähigen Schicht überzieht. Dazu gibt es verschiedene Möglichkeiten, von denen ich nur eine einfache erwähnen will. Mit im Handel erhältlichem Graphitspray wird ein nichtleitender Körper besprüht, wobei sich eine Graphitschicht niederschlägt, die allerdings nur ziemlich dünn sein soll, damit sie besser haftet. Ein so vorbehandelter Körper kann dann nach dem üblichen Verfahren galvanisiert werden.

Zur Geschichte der Galvanik möchte ich noch kurz erwähnen, daß der deutsche Industrielle Werner von Siemens (13. Dezember 1816 bis 06. Dezember 1892) im Jahre 1842 ein Patent auf ein Verfahren erhielt, mit dem leitfähige Körper vergoldet werden können. Vielleicht haben Sie jetzt Gefallen an der Galvanik gefunden. Die dazu nötige Laborausstattung, Chemikalien, Netzteil, Elektroden etc. Sind teilweise u.a. im Heimwerkerhandel, in Bastelshops oder Elektronikläden erhältlich; stellvertretend sei Conrad Electronic GmbH in Hirschau genannt.

Überall in der Elektrotechnik wird Kupfer als Leiterwerkstoff verwendet, wobei die Reinheitsanforderungen an dieses Material sehr hoch sind. Rohkupfer, wie es aus den schwefelhaltigen Kupfererzen gewonnen wird, besteht zu etwa 95% bis 98% aus Kupfer. Der Rest sind überwiegend Verunreinigungen mit anderen Metallen. Um das Rohkupfer zu reinigen, wird es zuerst einer sogenannten Raffinationsschmelze unterworfen, bei der durch bestimmte Zusätze ein

Großteil der Verunreinigungen als Schlacke oder flüchtige Verbindungen entfernt werden. So erhält man das Garkupfer mit einem Reinheitsgrad von etwa 99% – das reicht aber für die Elektrotechnik immer noch nicht. In einem weiteren Schritt wird dieses Garkupfer mit Hilfe der elektrolytischen Raffination noch weiter gereinigt. Hierzu werden aus Garkupfer Elektroden gegossen. Diese Garkupferelektroden hängt man dann in ein Gefäß, das verdünnte Schwefelsäure, Kupfersulfatlösung oder eine Mischung von beiden enthält, und verbindet sie mit dem positiven Pol einer Spannungsquelle, so wie es in der *Abbildung 33* zu sehen ist. Dünne Bleche aus reinem Kupfer werden als Katoden geschaltet, also mit dem negativen Pol der Spannungsquelle verbunden. Der Aufbau ist also recht ähnlich, wie der von unserem letzten Versuch, bei dem ein Kohlestab oder eine Bleistiftmine verkupfert wurde – bei der Kupfer-Raffination wird eben ein Kupferblech verkupfert. Aus der Garkupferelektrode werden Elektonen entzogen, so daß dort Kupferionen in Lösung gehen. Aber auch alle Verunreinigungen die laut der elektrochemischen Spanungsreihe unedler als Kupfer sind – die also ein negativeres Potential haben. Verunreinigungen, die edler als Kupfer sind, z.B. Silber oder Gold, behalten viel lieber ihre Elektronen und fallen dann als elektrisch neutrale Atome nach unten, da die Garkupferelektrode sich allmählich auflöst. Unterhalb der Anode sammelt sich dann

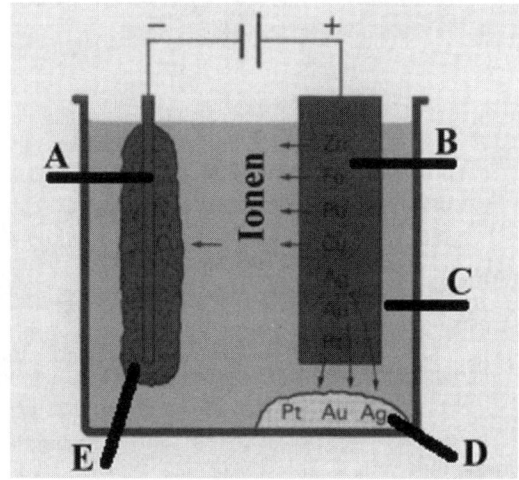

Abb. 33: Kupferraffination. A dünnes Blech aus reinem Kupfer, B Garkupferelektrode, C Elektrolyt, D, Anodenschlamm, E elektrolytisch abgeschiedenes reines Kupfer

der sogenannte Anodenschlamm an, der die edleren Metalle enthält. Aus ihm lassen sich dann nach einem ähnlichen Prozeß die einzelnen Edelmetalle in reiner Form gewinnen. An der Katode scheidet sich nun das Element ab, das am Edelsten ist, und das ist in diesem Fall das Kupfer. Kupferionen nehmen an der Katode Elektronen auf, so daß sich elementares Kupfer abscheidet. Unedlere Ionen, das sind z.B. Zink- oder Eisenionen, bleiben im Elektrolyten und müssen von Zeit zu Zeit entfernt werden.

In einem einfachen Versuch können wir auch die elektrolytische Kupfer-Raffination nachvollziehen. Dazu nehmen wir nach *Abbildung 34* ein Becherglas mit Kupfersulfatlösung vom vorhergehenden Versuch. Als Katode nehmen wir einen nichtisolierten s-förmig gebogenen Kupferdraht. Da nicht jeder eine Garkupferelektrode zu Hause in der Schublade liegen hat, verwenden wir einen weiteren Kupferdraht als Anode – man kann auch einen anderen Kupfergegenstand nehmen, z.B. ein Stück Heizungsrohr aus Kupfer. Da bei diesem Vorgang eine Spannung von etwa 0,5 V bis maximal 1 V aus-

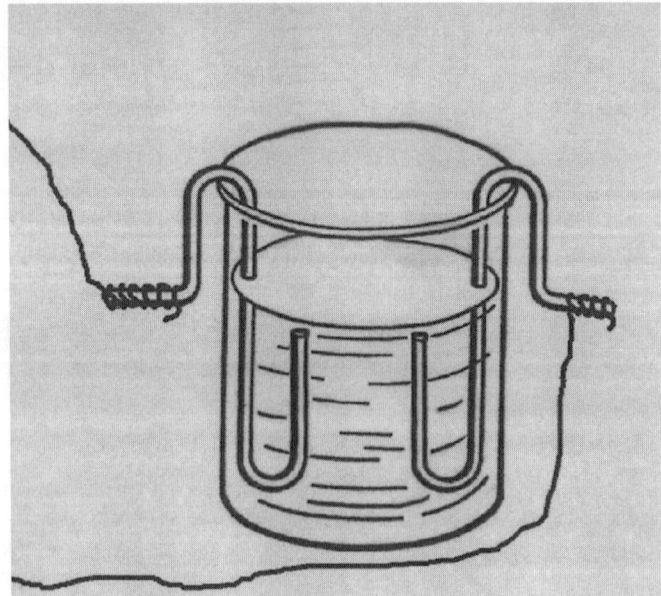

Abb. 34: Mit diesem einfachen Laboraufbau kann man die Kupferraffination nachvollziehen

reicht, kann auch hier wieder eine selbstgebaute Batterie verwendet werden, z.B. wieder ein galvanisches Birnenelement. Bei der Kupferkatode werden nur die edleren Kupferionen entladen und scheiden sich als elementares Kupfer ab. Unedlere Verunreinigungen gehen von der Anode in Lösung und bleiben dort in ionischer Form, wohingegen sich edlere Anteile als Anodenschlamm ansammeln.

Abschließend will ich noch eine letzte interessante Anwendung vorstellen. Bei der Elektrolyse zieht die Anode die negativ geladenen Ionen an und die Katode die positiv geladenen Ionen. Salze und deren Lösungen haben zum Teil wunderschöne Farbtöne. So ist beispielswiese Kupfersulfat blau und Kaliumpermanganat violett gefärbt. Welche Ionen sind aber nun für die Färbung verantwortlich? Läßt man den Ionen nur relativ wenig Platz, um sich ausbreiten zu können, so kann man im elektrischen Feld feststellen, welche Farbe die einzelnen Ionen in der Salzlösung haben. *Abbildung 35* zeigt den prinzipiellen Aufbau. Auf einer Glasplatte liegt ein Stück Löschpapier, das mit klarem Wasser getränkt ist. Im Abstand von etwa 3 cm werden zwei kleine Metallstreifen parallel zu einander daraufgelegt und an eine Gleichspannungsquelle von mindestens 12 V – besser sind 20 V bis 30 V – angeschlossen. In der Mitte zwischen den beiden Blechsteifen legt man dann ein Körnchen Kaliumpermanganat oder ein anderes farbiges Salz auf das nasse Löschpapier. Durch das elektrische Feld wandern dann die negativ geladenen Ionen zur Anode und die positiv geladenen Ionen zur Katode; diesen Vorgang nennt man Elektrophorese. Im Falle von Kaliumpermanganat zeigt sich, daß die positiv geladenen Kaliumionen farblos sind, während die Permanganationen – sie bestehen aus Mangan und Sauerstoff – die typisch violette Färbung aufweisen. Vertauscht man die Anschlüsse der Spannungsquelle, so wandern natürlich die Ionen in entgegengesetzte Richtung wie zuvor. Wird anstelle von Kaliumpermanganat das bereits bekannte blaue Kupfersulfat verwendet, so stellt man fest, daß das Kupferion eine blaue Farbe besitzt, und daß das Sulfation farblos ist. *Abbildung 36* zeigt den realen Aufbau, wobei gleichzeitig beide Salzsorten untersucht werden.

Wer keine passenden Blechstreifen hat, kann auch zwei Eisennägel nehmen. Jede Seite eines nassen Löschpapierstreifens wird ein paar-

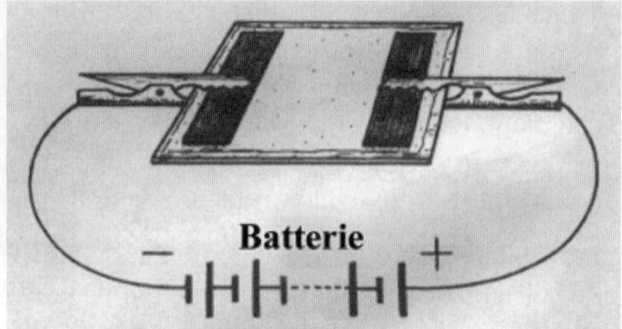

Abb. 35: Prinzipieller Versuchsaufbau der Elektrophorese

Abb. 36: Realer Laboraufbau der Elektrophorese

mal um jeweils einen Nagel gewickelt, so wie es in *Abbildung 37* zu sehen ist. Dort wurde in die Mitte ein kleines Körnchen Kaliumpermanganat – aus der Apotheke – auf das nasse Papier gelegt. Die Elektrophorese wird unter anderem im medizinischen Labor benutzt, um Blut im Hinblick auf Eiweißkomponenten zu untersuchen.

Auch wenn ich es nicht an jeder Stelle explizit erwähnt habe, so ist bei allen diesen Versuchen auf Sauberkeit zu achten. Das heißt auch, daß die Elektroden jeweils gereinigt werden müssen, bevor man sie benutzt, da sonst durch Verunreinigungen zum Teil erhebliche Abweichungen bei den Versuchsergebnissen auftreten können.

Mit Hilfe der Elektrolyse läßt sich auch ein Meßgerät bauen, das elektrischen Strom messen kann. Michael Faraday fand, wie schon

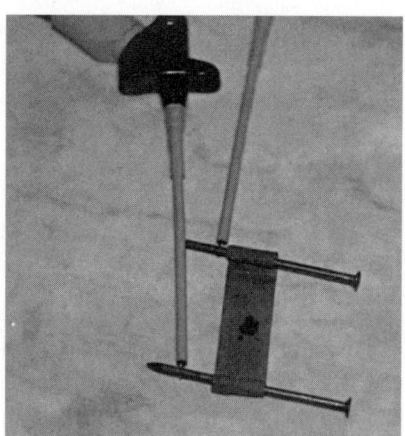

Abb. 37: Elektrophorese mit einfachen Mitteln

zu Beginn erwähnt, heraus, daß die abgeschiedene Stoffmenge bei einer Elektrolyse vom Strom und der Zeit, während er geflossen ist, abhängt. Früher war die elektrische Stromstärke so definiert, daß ein Strom von 1 A dann fließt, wenn in einer Sekunde aus einer Silbernitratlösung eine Silbermenge von 1,118 mg abgeschieden wird. Die Strommessung wurde demnach auf eine Massen- und Zeitmessung zurückgeführt.

Achtung, Nummer 2: Bei elektrolytischen Experimenten gilt auch hier als oberste Regel, daß keine Geräte und sonstigen Objekte, wie z.B. Elektroden in den Mund genommen und auch keine Chemikalien, wie z.B. Elektrolyten, geschluckt werden dürfen. Wenn von der Kupfersulfatlösung oder anderen Substanzen ein Spritzer in die Augen gelangt, dann müssen diese sofort mit viel Wasser ausgespült werden. Auch wenn es sich dabei normalerweise nicht um stark ätzende Flüssigkeiten handelt, ist es doch ratsam, vorsichtshalber einen Arzt aufzusuchen.

Diesen Abschnitt könnte ich jetzt auch hier wieder bis ins Unendliche fortführen, so wäre z.B. erwähnenswert, daß man sich die Elektroden nicht in das linke Nasenloch steckt und sich gleichzeitig den Elektrolyten durch das noch freie rechte Nasenloch hochzieht. Ihr geliebtes Haustier stellen Sie doch auch nicht, wenn es naß geworden ist zum trocknen in den Mikrowellenherd. Bei den hier vorgestellten Versuchen kann normalerweise nichts schiefgehen, wenn man den gesunden Menschenverstand benutzt.

Wieder stellt sich die Frage, ob wir all dieses Wissen über die Galvanik und damit über die verschiedenen Anwendungen der elektrolytischen Technologie wirklich erst seit rund zwei Jahrhunderten kennen. Wenn die Pharaonen im Besitz von Spannungsquellen waren, beherrschten sie dann auch die galvanischen Techniken? Wie man auf den letzten paar Seiten gesehen hat, kann man bereits mit einfachen Mitteln elektrolytische Experimente durchführen. In ihrem Buch „Das Licht der Pharaonen" (siehe Literaturverzeichnis [2]) berichten die beiden Autoren Peter Krassa und Reinhard Habeck von einem wissenschaftlichen Versuch, den Dr. Eggebrecht und sein Mitarbeiter Herr Schulte durchführten. Mit einer nachgebauten prähistorischen Batterie aus einem Kupferzylinder, einem Eisenstab und Weinsäure betrieben sie eine moderne Galvanisierungswanne. „Dahinein legten sie die nur streichholzschachtelgroße Königsstatue aus Silber. Der Prozeß dauerte ungefähr zweieinhalb Stunden – dann nahm man das Figürchen wieder aus der Wanne. Es war ein voller Erfolg: die Statue hatte sich vergoldet!" War dieses Galvanikbad etwa der lang gesuchte „Stein der Weisen", mit dem Gold hergestellt werden konnte? Um nun herauszufinden, ob es damals die Galvanotechnik wirklich gab, gibt es nur eine Möglichkeit, nämlich vorhandene goldene Relikte mit metallografischen Methoden dahin zu untersuchen, ob diese Gegenstände aus massivem Gold bestehen oder nur einen Goldüberzug besitzen.

4.3 Beleuchtungseinrichtungen

Heute hat Herr Mayer eine kleine Überraschung für seine Frau vorbereitet. Wenn sie nach Hause kommt, werden sie gemütlich zu Abend essen – als Erinnerung an damals, als sie sich kennenlernten. Das ganze soll bei Kerzenschein stattfinden. Sohn Tobias ist da – noch – nicht so romantisch eingestellt, denn er bevorzugt da eher eine Lichtorgel mit Special Light Flasher und Popmusik von der 1000 W- HiFi-Anlage. Seine Schwester, Julia, hat für all das momentan kein Interesse, da sie für ihre Zwischenprüfung pauken muß. Dann sitzt sie oft bis spät in die Nacht am Schreibtisch. Da sie umweltbewußt lebt, hat sie in ihre Schreibtischleuchte anstatt einer Glühlampe eine Energiesparlampe eingeschraubt. Auch Kater Tom weiß, wie man mit elektrischem Licht umgeht. Denn vor der Haustür ist ein Bewegungsmelder installiert. Bei Nacht geht er häufig an der Haustür vorbei, weil er weiß, daß dann das Licht angeht. Während Frau Mayer von der Arbeit bei Nacht heimfährt, stellt sie fest, daß der linke Halogenscheinwerfer ausgefallen ist. An diesen alltäglichen Beispielen wird auch wieder deutlich, wie sehr wir von den verschiedenen Beleuchtungseinrichtungen abhängig sind. Auch wenn viele von uns romantische Stunden bei Kerzenlicht verbringen wollen, auf elektrisches Licht will wohl kaum jemand verzichten. Der Bau des menschlichen Auges zwingt uns, Beleuchtungseinrichtungen bei Nacht zu benutzen, da wir nur einen sehr schmalen Bereich des elektromagnetischen Spektrums visuell wahrnehmen können.

Es gibt Tiere, die können jenseits des violetten Lichtes auch noch das ultraviolette sehen, andere Arten können infrarote Anteile, die vor dem roten Licht kommen, noch wahrnehmen. Vermutlich vor rund zwei Millionen Jahren war der Mensch – oder besser gesagt das menschenähnliche Wesen – auf das natürliche Sonnenlicht angewiesen. Aber schon vor etwa 1,5 Millionen Jahren, so glauben einige Wissenschaftler, benutzten Menschen in Ostafrika das Feuer zum Heizen und Kochen. Über Jahrtausende hinweg diente das Herdfeuer neben dem Heizen und Kochen, auch als erste künstliche Beleuchtung. Die erste mobile künstliche Beleuchtungseinrichtung dürfte wohl ein Stück Holz gewesen sein, dessen eines Ende am Lagerfeuer entzündet wurde. Diese primitive Fackel konnte am anderen Ende eine gewisse Zeit lang gefahrlos gehalten werden und spendete auch noch Licht. Später erkannte man dann, daß die Leuchtkraft gesteigert werden konnte, indem man das brennende Ende der Fackel mit bestimmten Materialien umwickelte, beispielsweise mit in Pech getränktem Werk oder Stoff. In Frankreich und Spanien entdeckte man altsteinzeitliche Höhlenmalereien in dunklen Höhlengängen. Diese Höhlenmaler nutzten bereits vor über 20 000 Jahren einfache Steinlampen. Das waren ausgehöhlte Steinschalen, die mit Fett gefüllt waren, welches angezündet wurde. Am prinzipiellen Aufbau änderte sich jahrtausendelang nichts.

Es war nicht einfach, das Feuer zu bändigen, denn dazu mußte erst einmal Zunder – ein leicht brennbares natürlich vorkommendes Material – zum Glimmen gebracht werden. Dies geschah beispielsweise durch Funken, die durch das Zusammenschlagen von Feuersteinen entstehen. Aber auch durch Hitze, die bei aneinander reibenden Gegenständen auftritt. Wenn man einen Holzstab zwischen beide Handflächen nimmt und die Hände hin- und herbewegt, wobei sich die untere Spitze des Stabes auf einer Unterlage durch die Reibung soweit erhitzt, daß der Zunder zu glimmen beginnt. Eine verbesserte Variante sieht vor, daß man mit einem flachen Stein auf das obere Stabende drückt, während gleichzeitig eine um den Stab gewickelte Bogensehne schnell hin und her bewegt wird; siehe auch *Abbildung 38*. Mit dem glimmenden Zunder wurde dann ein Lagerfeuer ent-

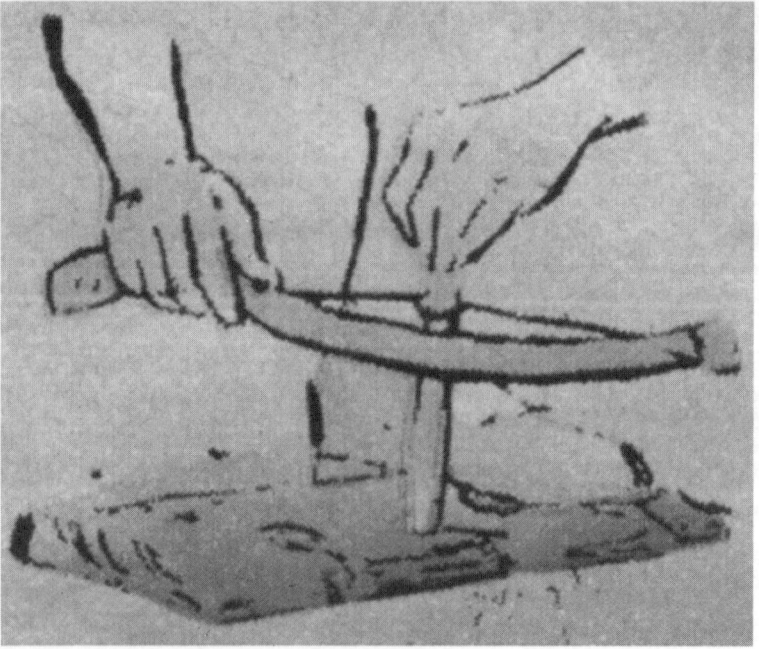

Abb. 38: Mit einer Bogensehne wird ein Holzstab schnell hin- und hergedreht; am unteren Stabende wird es so heiß, daß leicht entflammbare Stoffe zu glimmen beginnen

facht oder eine Fackel entzündet. Später erfand man dann die Öllampen und die Kerzen. Als brennbares Gas in ausreichenden Mengen zur Verfügung stand, wurde auch die erste Gasbeleuchtung 1783 verwendet. Der österreichische Chemiker Carl Freiherr von Auer von Welsbach (01. September 1858 bis 04. August 1929) erfand im Jahre 1892 – manchen Berichten zufolge auch schon ein paar Jahre früher – das Gasglühlicht, das auch als Auerlicht bekannt ist. Nach dieser Erfindung wird ein Glühkörper, der sogenannte Glühstrumpf, mit Hilfe einer Gasflamme so weit erhitzt, bis er glüht und dabei Licht abstrahlt. Dieses Auerlicht wurde für verschiedene Beleuchtungszwecke verwendet.

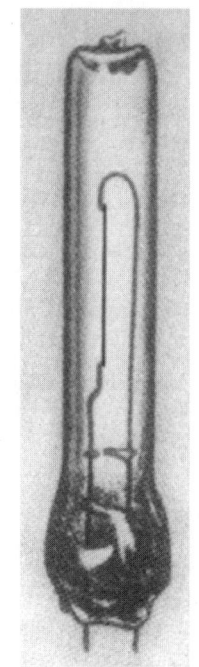

Heinrich Goebel (20. April 1818 bis 16. Dezember 1893), ein deutschamerikanischer Ingenieur, war der eigentliche Erfinder der Glühlampe – obwohl vor ihm schon Techniker vergeblich versucht hatten, elektrisches Licht herzustellen. Er

Abb. 39:
Goebel-Glühlampe.

benutzte 1854 eine verkohlte Bambusfaser als Glühfaden und baute sie in ein luftleer gepumptes Glasfläschchen ein; *Abbildung 39* zeigt eine spätere Form einer Goebel-Glühlampe. Mit Hilfe des elektrischen Stromes brachte er die verkohlte Bambusfaser zum Glühen. Wer es auch auf diese oder ähnliche Weise versuchte, Lampen mit ausreichender Leuchtkraft und Brenndauer zu konstruieren, scheiterte mit diesem Vorhaben. Es fehlte der geeignete Glühfaden, der über längere Zeit der enormen Hitze standhielt. Thomas Alva Edison (11. Februar 1847 bis 18. Oktober 1931), ein amerikanischer Erfinder mit über 2 000 Patenten, war der erste, der eine brauchbare und technisch verwertbare Glühlampe gebaut hat; siehe *Abbildung 40*. Im September 1878 begann auch er sich dem Problem des elektrischen Lichtes zu widmen. Zunächst bestand die Aufgabe darin, ein Material zu finden, das als Glühfaden verwendet werden konnte. Als erstes untersuchte er diesbezüglich verschiedene Metallfäden, leider ohne Erfolg. Seine Vorgänger erzielten brauchbare Ergebnisse mit

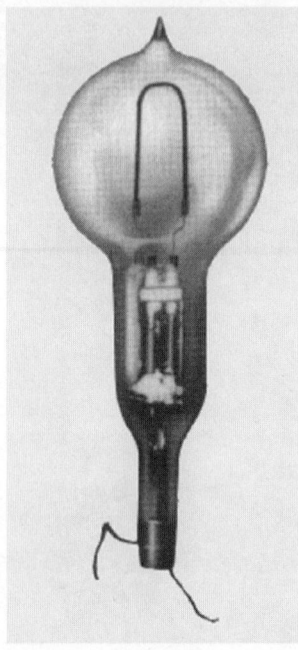

Abb. 40: Edison-Glühlampe

verkohlten Pflanzenfasern. Auch Edison verfolgte diese Spur. Etliche Pflanzenfasern und Gräser ließ er verkohlen und untersuchte deren Verwertbarkeit als Glühfaden; sogar Haare von Tieren und Menschen wurden überprüft. Bambusfasern schienen ihm am geeignetsten zu sein. Deshalb sandte er Männer in die Urwälder verschiedener Länder mit dem Auftrag alle Arten von Bambus herbeizuschaffen. Sein Ziel war, eine Faser zu finden, die genügend elastisch war, um bei Erschütterungen nicht gleich abzubrechen. Andererseits mußte sie genügend hitzebeständig sein, um nicht gleich zu verglühen. Viele Fehlschläge und Enttäuschungen mußte er erdulden. Nach mehr als einem Jahr intensiver Arbeit kam dann endlich der Erfolg. Vom 19. bis 21. Oktober 1879 leuchtete die erste brauchbare Glühlampe in seinem Laboratorium. Eine Kohlefadenlampe, die über 40 Stunden lang in einem gleichmäßigen hellen Licht erstrahlte. Carl Freiherr von Auer von Welsbach verbesserte 1902 die Kohlefadenlampe, indem er den Kohlefaden durch einen Draht aus Osmium ersetzte. 1903 wurde die Tantaldrahtlampe erfunden und 1906 die Wolframdrahtglühlampe. Der amerikanische Physiker und Chemiker Iring Langmuir (31. Januar 1881 bis 18. August 1957) verwendete 1913 ein Argon-Stickstoff-Gemisch als Gasfüllung der Glühlampe. Heute enthalten Glühlampen meist eine Füllung aus einem Stickstoff-Edelgas-Gemisch, wobei als Edelgas Argon oder Krypton verwendet wird, damit der Glühdraht nicht verbrennt. Es gibt sie in den verschiedensten Formen; *Abbildung 41* zeigt einige davon. Durch eine kegelförmige Ausführung, bei der das sockelnahe Ende am Glaskolben verspiegelt ist, wird erreicht, daß das Licht nicht mehr nach allen Seiten, sondern nur noch unter einem gewissen Winkel nach vorne abgestrahlt wird. Man spricht dann von Reflektor- oder Strahlerlampen. Die Glasoberfläche der Glühlampen können auch mit einem farbigen,

Abb. 41: Drei moderne Glühlampenarten

transparenten Lack versehen sein; sie leuchten dann in dem jeweiligen Farbton, da die restlichen Spektralanteile herausgefiltert werden.

Je größer die Temperatur des Glühdrahtes ist, desto höher ist auch die Lichtausbeute. Da Wolfram einen Schmelzpunkt von etwa 3400 °C hat, ist mit diesem Metall eine sehr hohe Glühtemperatur erreichbar. Um die Glühwirkung zu steigern, wird der Wolframdraht als Einfach- oder Doppelwendel ausgeführt; siehe dazu *Abbildung 42*, die den Aufbau einer Glühlampe schematisch darstellt. Eine normale Glühlampe hat eine durchschnittliche Lebensdauer von etwa 1000 Betriebsstunden. Wird die Betriebsspannung vergrößert, so nimmt zwar der Strom und damit auch die Lichtausbeute zu, aber die Lebensdauer nimmt dadurch drastisch ab. Von großem Nachteil ist, daß Glühlampen über 90% der aufgenommenen elektrischen Energie in Wärme umsetzen und nur einen geringen Anteil in sichtbares Licht. Die Ursache für die recht begrenzte Lebensdauer ist, daß von dem heißen Glühdraht permanent Material abdampft und sich am Kolben niederschlägt. Einerseits wird der Glühdraht dabei dünner, wo-

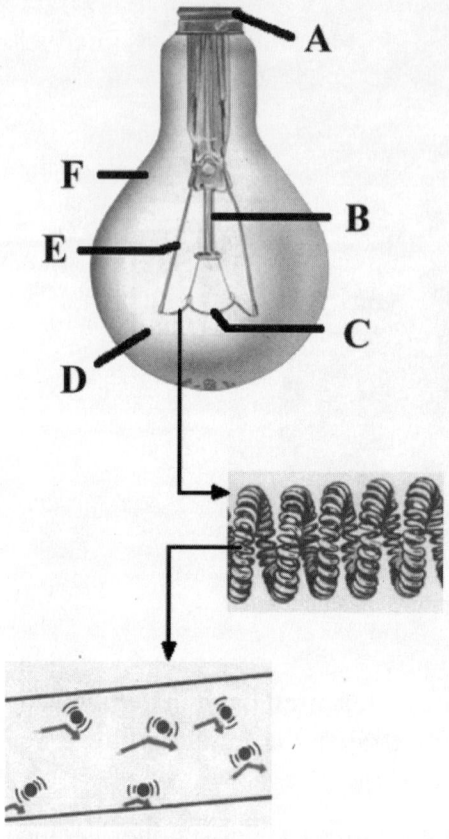

Abb. 42: Eine moderne Glühlampe besitzt eine Doppelwendel als Glühdraht. A Sockel, B gläserner Stab als Stütze, C doppelt gewendelter Glühdraht, D Gasfüllung, E Stromzuführungsdrähte, F Glaskörper

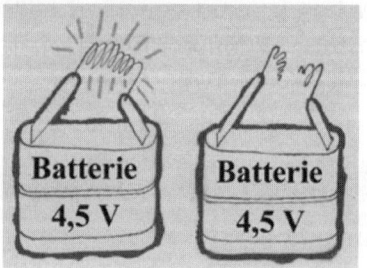

Abb. 43: Einfacher Glühdrahtversuch mit einem dünnen Drähtchen und einer Batterie

bei die maximale Strombelastbarkeit abnimmt. Andererseits wird der Glaskolben geschwärzt, wodurch der Lichtstrom erheblich abnimmt. Mit einem einfachen Versuch nach *Abbildung 43* kann man die Funktionsweise einer Glühlampe nachahmen. Aus einem haarfeinen Drähtchen aus Schaltlitze wickelt man ein paar Windungen und verbindet die Enden mit einer 4,5 V-Batterie. Wenn das Drähtchen dünn genug ist, wird es anfangen zu glühen und schließlich durchbrennen. Aber Vorsicht, das Drähtchen wird dabei sehr heiß!

Zur Verbesserung der Nachteile von Glühlampen wurden Halogenlampen entwickelt. Sie sind ähnlich aufgebaut wie Glühlampen, haben aber im Füllgas zusätzlich ein Halogen (Jod oder Brom) enthalten. Durch diesen Zusatz erhält man einen Kreisprozeß. Im Inneren des Glaskolbens kommt es zu einer Strömung der Gasmischung, da das Gas durch die Glühwendel stark erhitzt wird und von ihr wegströmt und etwas kühleres Gas nachströmen kann. Verdampftes Wolfram verbindet sich mit dem Halogenzusatz. Dieser Prozeß findet bei einer Temperatur von ungefähr 250°C bis 1400°C statt. Gelangt nun die gasförmige Wolframhalogenid-Verbindung durch die Gasströmung in den Bereich der Glühwendel, wo eine höhere Temperatur herrscht, so wird diese Verbindung wieder gespalten. Das Wolfram gelangt wieder auf den Glühdraht zurück. Dadurch schlägt sich auch kein Wolfram am Glaskolben nieder, weshalb der Lichtstrom über die ganze Lebensdauer praktisch konstant bleibt. Dies hat auch zur Folge, daß die durchschnittliche Lebensdauer etwa doppelt so groß ist, wie bei üblichen Glühlampen. *Abbildung 44* zeigt zwei Ausführungsformen einer Halogenlampe. Halogenglühlampen werden beispielsweise für Autoscheinwerfer verwendet.

Eine weitere Ausführungsform ist die K-Lampe, siehe *Abbildung 45* oben. Ihr Glaskolben ist mit dem Edelgas Krypton gefüllt, das in besonderem Maße die Zerstäubung der Glühwendel hemmt. Dadurch kann die Temperatur der Wendel gesteigert werden, wobei auch die Lichtausbeute etwas zunimmt. Autoscheinwerfer haben spezielle Ausführungen, denn sie enthalten gleich zwei Glühlampen in einem Glaskolben. Man nennt sie dann auch Zwei-Fadenlampen. Nach Abbildung 45 unten wird ersichtlich, daß die beiden Glühwendel hintereinander angeordnet sind und abwechselnd eingeschaltet werden können. Der vordere Glühfaden ist nach unten und nach vorne durch eine metallene Abschirmung abgedeckt. Seine Lichtstrahlen gelangen also nur nach oben und werden vom Reflektor schräg nach unten auf die Straße umgelenkt. Diese Betriebsart ist das Abblend-

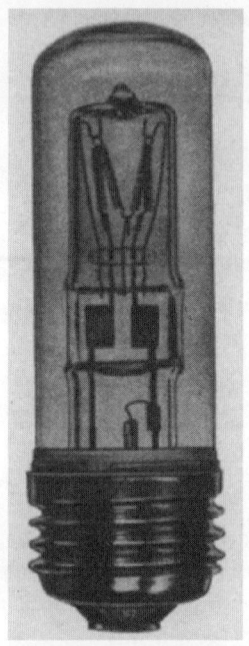
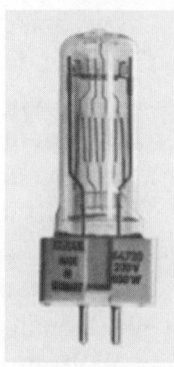

Abb. 44: Zwei verschiedene Ausführungsformen von Halogenglühlampen

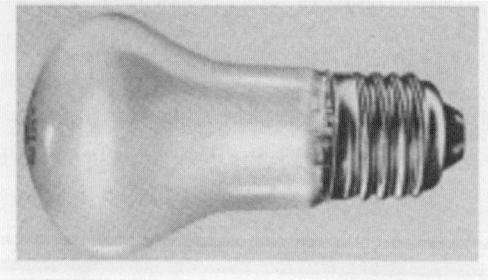

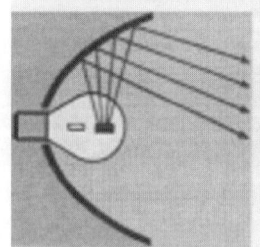
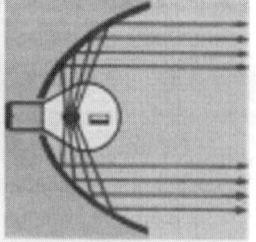

Abb. 45: Spezielle Ausführungen von Glühlampen: K-Lampe (oben) und Autoscheinwerferlampen (unten links: Abblendlicht; unten rechts: Fernlicht)

licht. Beim Fernlicht wird der hintere Glühfaden benutzt. Er lenkt die Lichtstrahlen ohne Abschirmung zum Reflektor, von wo sie dann als paralleles Strahlenbündel den Scheinwerfer verlassen.

Verfolgen wir nun einmal die geschichtliche Entwicklung der Glühlampe an Hand von ein paar eindrucksvollen Versuchen. Mit einem gewöhnlichen Bleistift und einem regelbaren Netzgerät, das mindestens einen Strom von 1 A bei einer Spannung von bis zu 20 V liefern kann, läßt sich ein faszinierendes Experiment durchführen. Der Bleistift – natürlich muß es einer mit einem Holzgriff sein und nicht etwa ein Minenstift o.ä. – wird beidseitig angespitzt. Beide Enden werden dann mit Laborstrippen über Krokodilklemmen befestigt, siehe *Abbildung 46*. Ganz wichtig ist, daß der Bleistift auf einer feuerfesten Unterlage liegt, keine brennbaren Gegenstände in der Nähe sind und der Raum gut belüftet ist – am besten führt man den Versuch im Freien durch. Ratsam ist es auch, einen Eimer voll Sand daneben zu stellen. Sollte nämlich der Bleistift später zu brennen beginnen, kann man mit dem Sand das Feuer löschen – Wasser ist bei elektrischen Einrichtungen aus verständlichen Gründen nicht geeignet. Während dem Versuch darf der Bleistift nicht berührt werden, da er sehr heiß wird. Nun wird das Netzgerät angeschlossen, wobei die Spannung noch auf 0 V zurückgedreht ist. Es ist von großem Nutzen, wenn bei dem Versuch eine Schutzbrille aufgesetzt wird, damit keine Spritzer in die Augen gelangen. Die Spannung wird dann soweit erhöht, bis ein Strom von etwa 1 A fließt. Dabei erwärmt sich die Mine, die u.a. Kohlenstoff enthält, und bewirkt, daß der Widerstand der

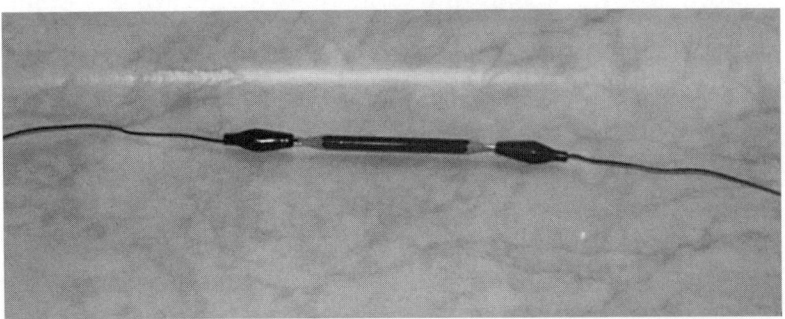

Abb. 46: Aufbau des Glühversuchs mit einem Bleistift vor Versuchsbeginn

Mine abnimmt. Das heißt, der Strom steigt an. Deshalb muß die Spannung wieder etwas zurückgedreht werden. Während dem ganzen Experiment soll der Strom etwa 1 A betragen. Zunächst steigen Rauchfahnen mit unangenehmem Geruch empor. An der Lackschicht des Bleistiftes bilden sich Bläschen; das kann gut so ungefähr zehn Minuten dauern. Die Bleistiftenden verkohlen dabei allmählich.

Weiterhin steigen Rauchfahnen auf, während die Lackschicht im Laufe von einigen Minuten verschmort. Da die Dämpfe nicht gerade gesundheitsfördernd sind, muß eine gute Belüftung immer gewährleistet sein. Permanente Beaufsichtigung ist unbedingt allein schon wegen der Brandgefahr nötig. Wenn es einmal zu sehr „brodelt", dann ist es besser, die Spannung und damit auch den Strom etwas zurückzudrehen. Nach einiger Zeit bildet sich eine Rauchfahne entlang einer Linie. Dort befindet sich die Klebestelle, wo die zwei Holzhälften des Bleistiftes zusammengefügt sind – denn irgendwie muß die Mine ja auch hineingekommen sein. Allmählich wird der Riß immer breiter, so daß eine rotglühende Bleistiftmine sichtbar wird. Vorsicht, damit keine Spritzer in die Augen gelangen. Gegen Ende des Versuches kann es durchaus vorkommen, daß der Riß sich soweit vergrößert, daß beide Holzhälften auseinanderklappen. Dann wird besoders deutlich, daß die hölzerne Ummantelung von innen heraus verkohlt ist. Sobald die Mine offen da liegt, ist eine gewisse Luftzirkulation möglich, weshalb die Mine besser gekühlt wird und die Rotglut abnimmt. Der Versuch kann durchaus 45 ... 60 Minuten dauern. *Abbildung 47* zeigt die Mine und die beiden verkohlten Holzhälften des Bleistiftes. Der Holzgriff kann zwar nun nicht mehr weitergenutzt werden – es sei denn zum Grillen – aber die Mine paßt immer noch in einen Minenstift. In einem weiteren Experiment verwenden wir eine Bleistiftmine mit dem Durchmesser von 0,5 mm und einer Länge von etwa 2 bis 3 cm. Ebenfalls wieder auf einer feuerfesten Unterlage, beispielsweise nach *Abbildung 48* auf einem flachen Stein, legt man die Mine und verbindet sie wieder mit dem Netzgerät. Auch jetzt wird wieder mit einem Strom von etwa 1 A gearbeitet. Später, wenn man ein paar Erfahrungen gesammelt hat, kann man auch durchaus mit anderen Stromwerten experimentieren. Bereits nach ein paar Minuten macht sich bei der Mine ein leichter Rot-

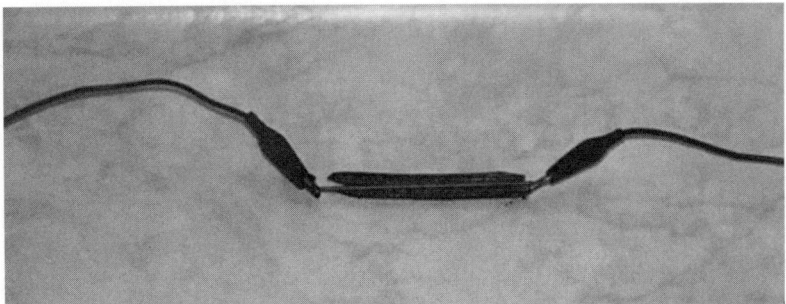

Abb. 47: Ergebnis des Glühversuches mit einem Bleistift; übrig bleiben nur die Mine und zwei verkohlte Holzhälften

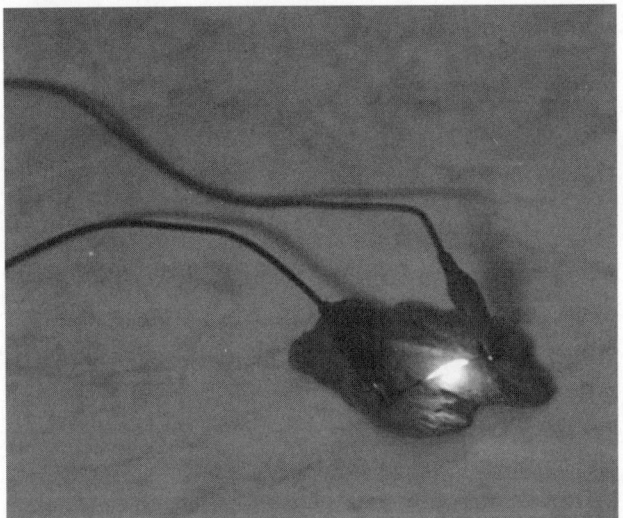

Abb. 48: Glühversuch mit einer dünnen Bleistiftmine auf einem feuerfesten Stein

schimmer bemerkbar, der zunehmend intensiver wird und schließlich bis zur Weißglut erstrahlt. Leider ist dies nur von kurzer Dauer, da die Mine an der heißen Stelle teilweise verdampft und teilweise wegen dem Luftsauerstoff verbrennt und dabei immer dünner wird, bis sie an einer Stelle durchbrennt und den Stromkreis unterbricht. Mit dem Aufräumen sollten Sie aber noch etwas warten, da die Anschlüsse noch etwas heiß sind.

Sauerstoff stellt bei diesen Glühversuchen ein großes Problem dar, wohingegen er – damals – bei der Fackel äußerst willkommen war.

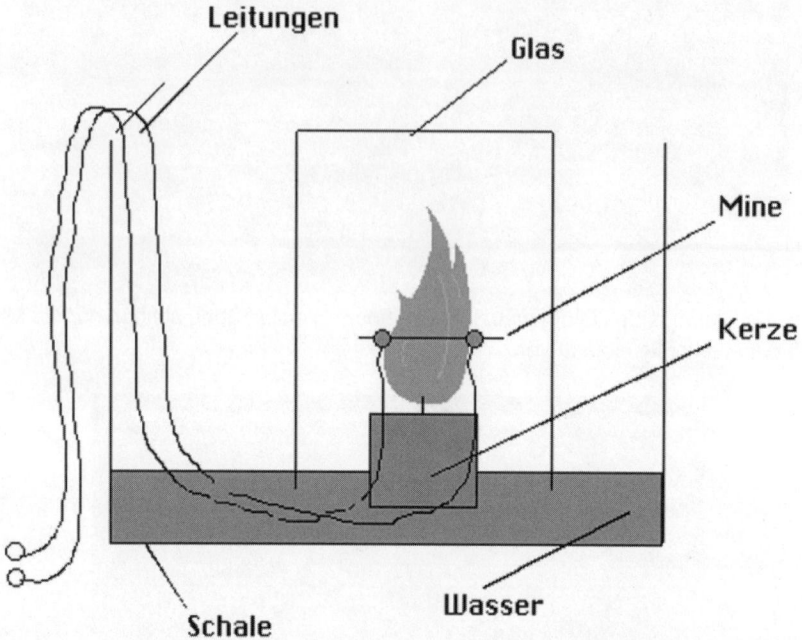

Abb. 49: Schematischer Versuchsaufbau zum verbesserten Glühversuch mit einer Bleistiftmine

Ich nehme mal an, daß nicht jeder zu Hause im Arbeitszimmer eine Vakuumpumpe hat. Deshalb stelle ich eine andere Möglichkeit vor, mit der man trotzdem – wenn auch nur in geringerem Maße – eine Verbesserung erzielen kann. Dazu benötigen wir einen Glaskolben, in dem die weiteren Glühversuche durchgeführt werden. Als geeignet hat sich ein sauberes Marmeladenglas gezeigt. Außerdem wird noch eine kleine Schale benötigt, die etwa 1 cm bis 2 cm hoch mit Wasser gefüllt wird. Dort hinein stellen wir nach *Abbildung 49* eine flache Kerze, z.B. ein Teelicht, und befestigen daran unsere zwei Laborstrippen mit etwas Klebeband. Nachdem wieder eine kleine Bleistiftmine angeschlossen ist, muß die Kerze angezündet werden. Über die Kerze und die Bleistiftmine stülpt man das Marmeladenglas, so daß die Öffnung unterhalb der Wasseroberfläche steht. Die brennende Kerze wird den Sauerstoff sehr schnell verbraucht haben und erlöschen. Erst wenn die Kerzenflamme erloschen ist, wird wieder Spannung an die Bleistiftmine gelegt, so daß wieder ein Strom

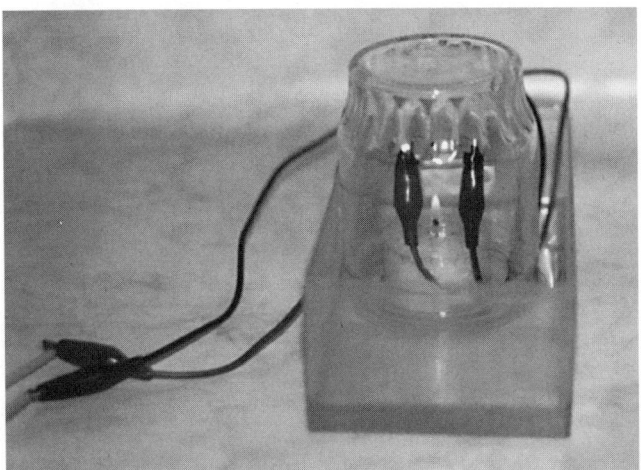

Abb. 50: Realer Laboraufbau zum verbesserten Glühversuch mit einer Bleistiftmine

von etwa 1 A fließt. Den praktischen Versuchsaufbau zeigt *Abbildung 50*. Wie beim vorherigen Versuch, so wird auch jetzt die Mine nach ein paar Minuten erst rot, dann weiß aufleuchten und schließlich wieder verglühen. Bei meinen eigenen Experimenten konnte ich die Lebensdauer auf diese Weise bis zum fünffachen Wert steigern. Sie kann noch weiter vergrößert werden, wenn man gefühlvoll die Spannung etwas verkleinert, wenn es zur intensiven Weißglut kommt. Bei dem Versuch ist unbedingt darauf zu achten, daß keine hitzeführenden Teile die Glaswand des Marmeladenglases berühren; es könnte sonst zerspringen – also ist es auch bei diesem Versuch ratsam, eine Schutzbrille zu tragen. Ganz besonders den letzten Glühversuch kann man auch im Dunkeln durchführen. Da als Glühkörper nur eine Bleistiftmine verwendet wurde, die nicht die allerbesten Leuchteigenschaften aufweist, darf auch keine zu große Leuchtkraft erwartet werden. In der *Abbildung 51* erkennt man, wie die Bleistiftmine nach kurzer Zeit zu glimmen beginnt. Ein paar Minuten später ist die Leuchtwirkung schon etwas größer, wie man in *Abbildung 52* sieht. Die hellste Leuchtwirkung zeigt sich nach *Abbildung 53* kurz vor dem Durchbrennen der Mine. Wie Sie sich bestimmt erinnern, hatten auch Edison und seine Vorgänger immense Probleme damit, einen geeigneten Werkstoff für den Glühfaden zu finden. Wer etwas mehr experimentieren will, kann auch mal ein Stück Glühwendel

Abb. 51: Verbesserter Glühversuch Teil 1:Wenige Minuten nach dem Einschalten fängt die Bleistiftmine zu glimmen an

Abb. 52: Verbesserter Glühversuch Teil 2: Nach etwa 5 bis 10 Minuten ist die Lichtstärke weiter gestiegen

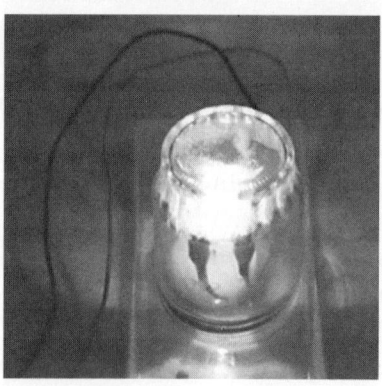

Abb. 53: Verbesserter Glühversuch Teil 3: Kurz vor dem Durchbrennen der Bleistiftmine ist die Leuchtkraft am stärksten

von einer „alten durchgebrannten" Glühlampe anstelle der Bleistiftmine verwenden. Dazu muß diese Glühlampe in ein Tuch – es gehen
auch mehrere Lagen Toilettenpapier – eingewickelt und in einen leeren Eimer gelegt werden. Mit einem Hammer wird dann vorsichtig
der Glaskolben der Glühlampe zerdrückt. Am besten setzt man auch
dazu eine Schutzbrille auf. Beim Auseinanderwickeln muß man äußerst behutsam vorgehen, damit man sich nicht verletzt. Ein Stück
von der Wolframdoppelwendel kann dann alternativ für Glühversuche verwendet werden. Wie lang dieses Stück sein muß, hängt vom
elektrischen Widerstand ab – am einfachsten ermittelt man die Länge experimentell.

Neben der Lichtaussendung von glühenden Körpern, wie der Glühwendel in der Glühlampe, kann Licht auch noch auf eine andere Weise entstehen. Wenn ein elektrischer Strom durch ein Gas fließt, so
wird ebenfalls Licht ausgesendet. Wie bei jedem Stromfluß, so müssen auch in einer Gasstrecke genügend frei bewegliche Ladungsträger vorhanden sein. Es handelt sich um Elektronen und Ionen. Stehen sich zwei Elektroden gegenüber und sind sie mit einer Spannungsquelle verbunden, so wandern die Elektronen zur Anodea. Ist
die Spannung groß genug, dann erreichen die Elektronen eine so
große Geschwindigkeit, daß sie aus Gasatomen, auf die sie unter-
wegs stoßen, Elektronen herausschlagen. Diese Elektronen werden
ebenfalls auf die Anode zubeschleunigt, und ionisieren weitere Ga-
satome. Die dabei gebildeten positiven Ionen werden von der Katode angezogen, wo sie wieder entladen werden. Lawinenartig wächst
die Zahl der Ladungsträger an, weshalb der Strom unbedingt, z.B.
durch einen Vorwiderstand, begrenzt werden muß. Elektronen, die
auf dem Weg zur Anode noch nicht schnell genug sind, um ein Atom
zu ionisieren, können beim Zusammenstoß mit einem Atom eines
seiner Elektronen von einer niedrigeren auf eine höhere Bahn anhe-
ben. Ein solches angeregtes Atom befindet sich aber nicht in einem
stabilen Zustand, denn dieses Elektron springt kurz darauf wieder
auf eine niedrigere Bahn. Weiter außen liegende Elektronen besitzen eine größere Energie, als Elektronen auf einer weiter innen liegenden Bahn. Wenn ein Elektron nun von weiter außen nach weiter
innen zurückspringt, oder auch wenn fehlende Elektronen der Ionen

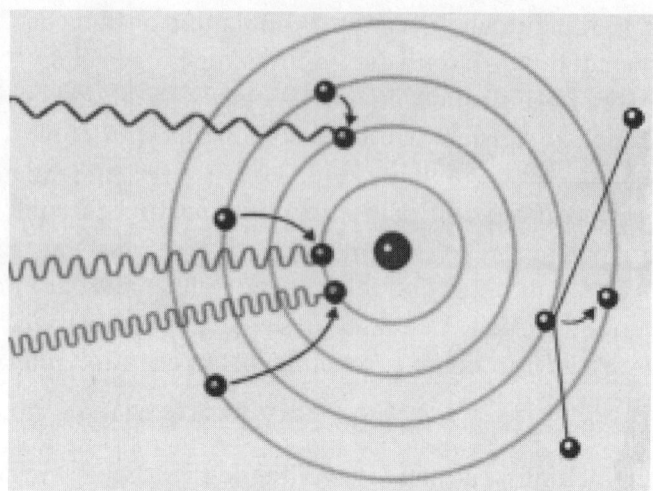

Abb. 54: Atomare Vorgänge beim Entstehen von Licht

wieder ersetzt werden, dann wird die Energiedifferenz als elektro-magnetische Welle frei; die beschriebenen atomaren Vorgänge sind in der *Abbildung 54* veranschaulicht. Je nach Gaszusammensetzung entsteht dabei sichtbares Licht bestimmter Farbe, infrarotes oder ul-traviolettes Licht. Diese Art der Lichterzeugung wird in Gasentla-dungslampen ausgenutzt. Es gibt sie in verschiedenen Varianten; zwei davon sollen jetzt näher vorgestellt werden. Glimmlampen be-stehen nach *Abbildung 55* aus einem Glaskolben, in den zwei Elek-troden eingeschmolzen sind, und der mit einem Edelgas, meist ist es Neon, unter niedrigem Druck gefüllt ist. Zur Strombegrenzung wird ein ohmscher Vorwiderstand verwendet, der vielfach schon im Lam-pensockel integriert ist. Glimmlampen senden ein leichtes, angeneh-mes orangefarbenes Licht aus. Die Stromaufnahme beträgt etwa 0,2 mA bis 5 mA, je nach Bauform und Typ. Anwendung finden die Glimmlampen, um anzuzeigen, ob ein Gerät eingeschaltet ist. Eine weitere Variante, die Leuchtstofflampe, wird für Beleuchtungszwek-ke verwendet. Eine Leuchtstoffröhre ist nach *Abbildung 56* eine dünne Glasröhre, die bei niedrigem Druck mit Quecksilberdampf und geringen Mengen Edelgas, z.B. Argon oder Krypton, gefüllt ist. An jedem Röhrenende befindet sich eine glühfadenartige Elektro-de, die mit einer Substanz beschichtet ist, die beim Aufheizen Elek-

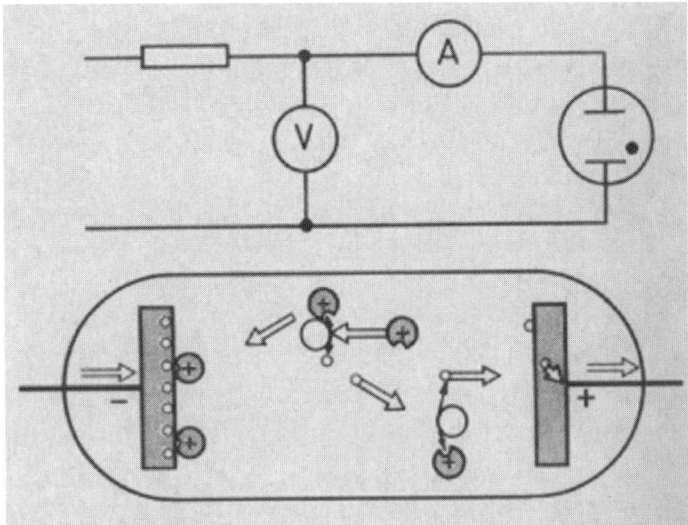

Abb. 55: Die Funktionsweise einer Glimmlampe (unten) und eine Schaltung mit Vorwiderstand und Meßgeräten (oben)

tronen aussendet. Wird die Beleuchtung eingeschaltet, so heizen sich die Glühfäden auf und emittieren Elektronen. Damit die Leuchtstofflampe zündet, wird aber eine hohe Spannung benötigt. Dazu verwendet man einen Starter und eine Drossel. Der Starter unterbricht den Stromkreis automatisch, nachdem die Glühfäden aufgeheizt sind und Elektronen emittiert wurden. Dabei entsteht in der Drossel eine sehr hohe Spannung, wodurch die Gasentladung ausgelöst wird. Anschließend stehen genügend freie Ladungsträger zur Verfügung. Damit der Strom nicht zu sehr ansteigt, wirkt die Drossel als Vorwiderstand – wie der Name schon sagt, drosselt sie den Stromfluß. Leuchtstoffröhren arbeiten bei wesentlich niedrigeren Temperaturen als Glühlampen. Sie setzen außerdem auch viel mehr elektrische Energie in Lichtenergie um. Diese künstlich erzeugten atomaren Vorgänge kommen auch in der Natur als Blitz bei einem Gewitter vor. Quecksilberdampf erzeugt bei einer Gasentladung neben sichtbarem auch einen relativ hohen Anteil an ultraviolettem Licht. Letzteres wird mit Leuchtstoffen, die an der Innenseite der Glasröhre anhaften, in sichtbares Licht umgesetzt. Wegen dem Quecksilbergehalt und den Leuchtstoffen, dürfen diese

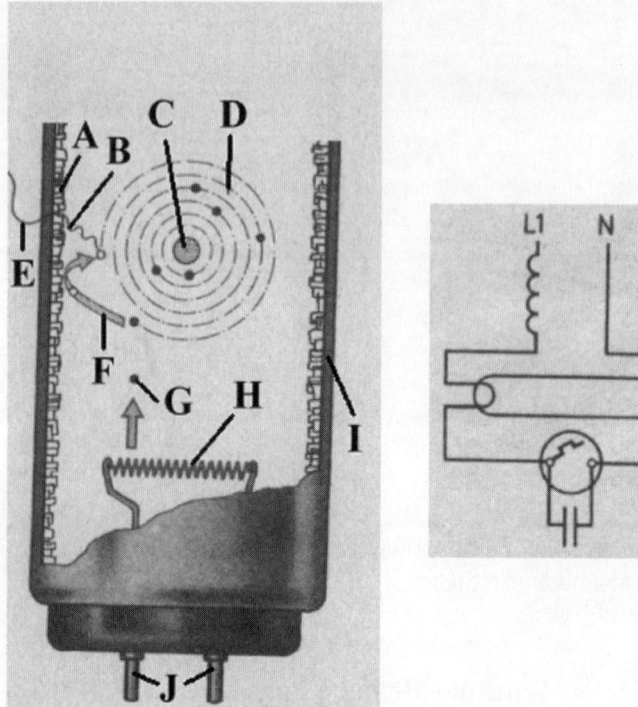

Abb. 56: Aufbau und Wirkprinzip einer Leuchtstofflampe (links) und der zugehörigen Schaltung (rechts). A Leuchtstoffbeschichtung an der inneren Glasröhrenwandung, B UV-Licht gelangt auf die Leuchtschicht, C Atomkern, D verschiedene Elektronenbahnen, E sichtbares Licht, F angeregtes Elektron springt wieder auf seine ursprüngliche Bahn zurück, G von der Glühwendel ausgesendetes Elektron, H Glühwendel, I Glasröhre, J Stromanschlüsse

Leuchtstofflampen nicht einfach so in die Mülltonne geworfen werden, sondern sie gehören nach Gebrauch in den Sondermüll. In der *Abbildung 57* sind ein paar Ausführungsformen von Gasentladungslampen zu sehen.

Wie wäre es denn einmal mit ersten eigenen Gehversuchen im Reich der Gasentladungslampen? *Abbildung 58* zeigt den prinzipiellen Versuchsaufbau. Es ist der gleiche Versuchsaufbau wie beim letzten Mal, mit dem Unterschied, daß dieses Mal eine weitere Elektrode in der Nähe der Bleistiftmine angebracht ist. Dazu wird massiver isolierter Draht verwendet, dessen beide Enden etwa 0,5 cm abisoliert

Abb. 57: Drei moderne Ausführungsformen von Gasentladungslampen: links und Mitte zwei Miniaturleuchtstofflampen, die auch als Energiesparlampen bekannt sind, rechts eine spezielle Glimmlampe für Dekorationszwecke

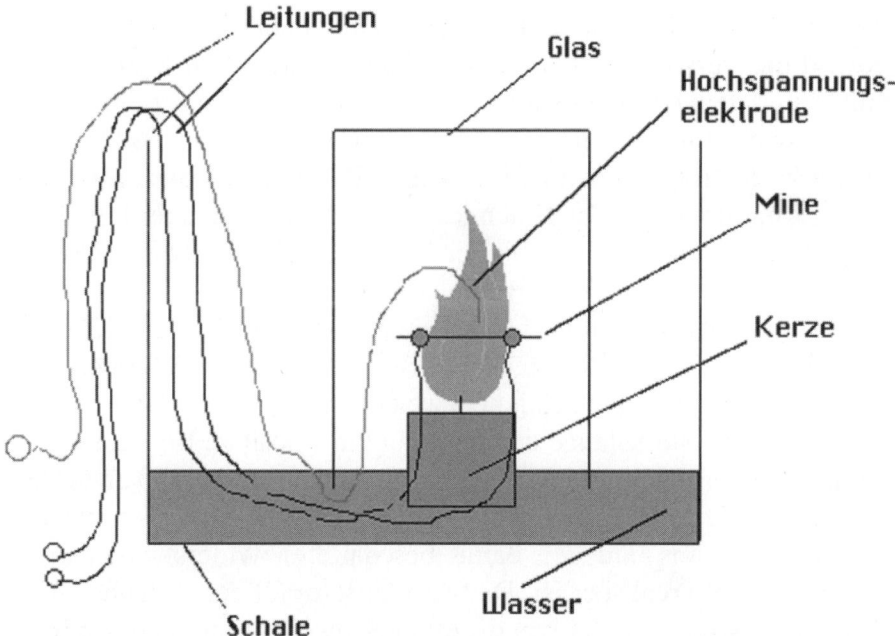

Abb. 58: Prinzipieller Aufbau für erste Gehversuche mit Gasentladungslampen

sind. Am besten wickelt man ihn auch einmal um die Kerze und biegt dann das eine Ende nach oben; das andere Ende wird nach außen geführt. An diesen Draht und an irgendeinen von den beiden Anschlüssen des Glühkörpers wird eine Hochspannungsquelle angeschlossen. Wer keine solche Hochspannungsquelle zu Hause hat, kann sie mit gängigen Bauteilen selber bauen. Den Schaltplan dazu zeigt *Abbildung 59*. Bei dieser Schaltung wird als Spannungsversorgung ein 12 V-Akku verwendet. S1 ist ein einpoliger Ausschalter, der als Hauptschalter dient, um die Elektronik betriebsbereit zu schalten. Betriebsbereiter Zustand wird dann durch die grüne LED D1 angezeigt. Mit R1 wird der Strom durch D1 auf etwa 12 mA begrenzt. Der einpolige Taster S4 aktiviert die nachfolgende Schaltung, aber nur solange er auch betätigt wird. Dann leuchtet nämlich die rote LED D2 auf, deren Strom durch R2 begrenzt wird. Taster S4 versorgt einerseits die Elektronik mit elektrischer Energie, solange er betätigt wird, er übernimmt aber auch eine Sicherheitsfunktion, da die Stromversorgung unterbrochen wird, sobald er losgelassen wird. Außerdem triggert er im Einschaltmoment das als monostabile Kippstufe (Timer) geschaltete IC1. Sie ist mit IC1, dem Timerschaltkreis 555, und ein paar peripheren Bauteilen aufgebaut. An Pin 1 und Pin 8 wird die Versorgungsspannung angelegt. Nach dem Einschalten mit S1 und dem Aktivieren mit S4 des Hochspannungsnetzteiles liegt am Ausgang Pin 3 sofort positive Betriebsspannung an, weil dann nämlich am Triggereingang Pin 2 wegen R11 und C6 kurzzeitig 0 V anliegt; dadurch wird der Timer gestartet. C3 lädt sich über R10 und das Potentiometer R12 auf, bis der IC-interne Komparator am Pin 6 erkennt, daß C3 auf 2/3 der Betriebsspannung aufgeladen ist. Dann wechselt der Ausgang Pin 3 wieder auf Massepotential, und C3 wird über Pin 7 entladen. Rein rechnerisch ergibt sich ein Timerbereich von rund 1 s … 50 s, je nachdem in welcher Stellung das Potentiometer R12 steht. Nur solange der Ausgang Pin 3 positive Betriebsspannung führt, wird der mit IC2 aufgebaute Oszillator über Q3 und R13 freigegeben. Folglich schwingt der Oszillator, der ebenfalls mit dem 555er Schaltkreis und den damit beschalteten Widerständen und Kondensatoren realisiert ist. Der Kondensator C1 lädt sich über R3, D3 und R9 so lange auf, bis er die obere Schwellenspannung von IC2 erreicht. Sie liegt bei 2/3 der Betriebsspannung. Sobald dieser Wert

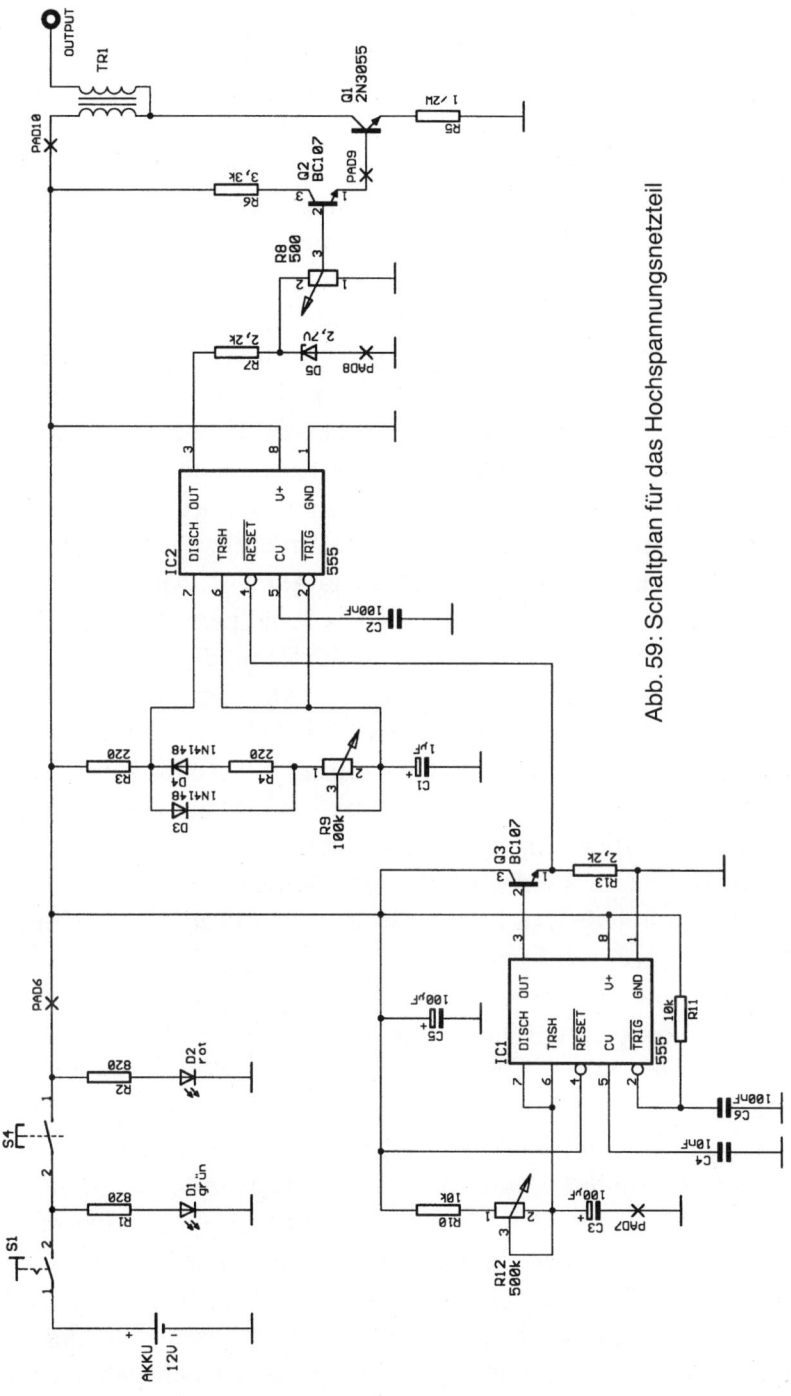

Abb. 59: Schaltplan für das Hochspannungsnetzteil

erreicht ist, schaltet ein interner Transistor den Pin 7 nach Masse und entlädt dabei den Kondensator C1 über R9, R4 und D4. Wird die untere Schwellenspannung, die bei 1/3 der Betriebsspanung liegt, erreicht, hört der Entladevorgang auf, weil Pin 7 dann hochohmig wird, und der Ladezyklus erneut beginnt. Durch Pin 2 erkennt das IC2, wann der untere Schwellenwert unterschritten wird und mit Pin 6 erkennt es, wann der obere Schwellenwert überschritten wird. Solange der Kondensator C1 aufgeladen wird, führt Ausgang Pin 3 positive Betriebsspannung, und während der Entladung liegt er auf Massepotential. Ausgang Pin 3 pulsiert im Rhythmus der Frequenz, die von R3, R9 und C1 abhängen. Rein rechnerisch erhält man einen Frequenzbereich von 7,1 Hz … 3,2 kHz. In der Praxis werden aber wegen der Bauteiltoleranzen zum Teil erhebliche Abweichungen auftreten. Wechselstrommäßig wird Pin 5 durch C2 mit Masse verbunden, womit IC2 am Schwingen gehindert wird, das gleiche gilt auch für C4, das mit Pin 5 von IC1 verbunden ist. Ausgang Pin 3 von IC2 versorgt die Ausgangsstufe, die aus dem Spannungsteiler mit R7 und R8 besteht, wobei an R8 wegen der Zenerdiode D5 eine Spannung von maximal 2,7 V abfallen kann. Am Schleifer von R8 kann nun eine Spannung zwischen 0 V und 2,7 V abgegriffen werden. Die Hochspannung von so etwa 25 kV kann am Anschluß Output von der Sekundärwicklung des Spartransformators TR1 abgegriffen werden. Dies geht natürlich nur solange wie auch S4 gedrückt wird. Für den Spartransformator TR1 wird eine gewöhnliche Zündspule verwendet. Nahezu in jeder Autowerkstatt kann man gebrauchte Zündspulen für Ottomotoren für wenig Geld haben. So eine Zündspule hat drei Anschlüsse. An die kleinen Schraubanschlüsse links und rechts außen wird die positive Betriebsspannung und der Kollektor von Q1 angeschlossen. Der mittlere Anschluß ist als Steckkontakt ausgeführt und besitzt eine umhüllende Kunststoffhülse als Berührungsschutz. Er wird mit einer Hochspannungsleitung verbunden. Die kleineren Bauteile können auf eine Lochrasterplatine gelötet werden. Wer will, kann die komplette Schaltung in ein Kunststoff- oder Holzgehäuse einbauen; wegen der hohen Spannung, die erzeugt wird, sollte auf ein Metallgehäuse verzichtet werden. Wer den Aufwand scheut und nur gelegentlich mal damit arbeiten will, kann auch einen einfachen Laboraufbau wählen. Dieses Hochspannungsnetz-

Abb. 60: Realer Laboraufbau des Hochspannungsnetzteiles

teil habe ich für mein Buch „Kirlian Fotografie" – siehe dazu im Literaturverzeichnis unter der Nummer [12] – entwickelt. Es kann ohne Änderungen direkt hier verwendet werden.

Damit der Aufwand gering ist und gleichzeitig flexibel in Hinblick auf Veränderungen im Aufbau, habe ich mich für einen einfachen Laboraufbau entschieden; auch um zu zeigen, daß bereits mit einfachen Mitteln Hochspannung bereitgestellt werden kann. *Abbildung 60* zeigt den Laboraufbau, der aus einer massiven Holzplatte (25 cm x 50 cm x 1,8 cm) für die Basis, eine Rückwand (35 cm x 18 cm) und einer Seitenwand (25 cm x 18 cm) aus 4 mm dickem Sperrholz besteht. In der Rückwand befinden sich Bohrungen zur Aufnahme der Potentiometer und der LEDs. Als Hauptschalter S1 und Taster S4 habe ich für den Laboraufbau der Einfachheit halber gewöhnliche Aufputzkomponenten aus der Installationstechnik verwendet. Die beiden Leuchtdioden sind in die Rückwand eingebaut und auf der Rückseite direkt mit den jeweiligen Vorwiderständen R1 und R2 verlötet. Auch die Potentiometer finden in der Rückwand Platz. Transistor Q1 kann sehr heiß werden und muß deshalb auf einem Kühlkörper montiert werden. Um den Kühlkörper nicht unbeabsichtigt zu berühren, ist es ratsam, ihn mit einer Abdeckung zu versehen, die genügend Lüftungslöcher enthält, damit sich eine ungehinderte Luftströmung am Kühlkörper bilden kann. Beim Laboraufbau findet die Platine bequem in einer Aufputz-Abzweigdose Platz, wodurch auch ein Schutz gegen unbeabsichtigtes Berühren besteht. Für Laborarbeiten reicht dieser einfache Versuchsaufbau auch völlig aus. Wer näheres dazu wissen möchte, und auch weitere Schaltungen kennenlernen will, dem empfehle ich die beiden Bücher [11] und [12], die im Literaturverzeichnis zu finden sind.

Wie beim letzten Glühlampenversuch, so wird auch jetzt wieder die Kerze angezündet, das Marmeladenglas darüber gestülpt und wenn die Kerze erloschen ist, die Bleistiftmine zum Glühen gebracht. Erst wenn diese glüht, wird die Hochspannungsquelle mit S1 eingeschaltet und mit dem Taster S4 aktiviert. Seien Sie aber nicht enttäuscht, wenn nichts weltbewegendes passiert, denn ob es zur Gasentladung kommt, hängt von mehreren Faktoren ab. Da wir hier mit normalem Atmosphärendruck arbeiten, ist es relativ schwierig, eine Zündung zu erreichen. Außerdem hängt das Ergebnis auch noch von der Größe der Hochspannung ab. Der Abstand der Hochspannungselektrode zur Bleistiftmine sollte möglichst klein sein, er darf die Mine aber auch nicht berühren. Experimentieren Sie auch mit verschiedenen Frequenzen. Vorsicht beim Experimentieren! Immer erst die Hochspannungsquelle und das Netzgerät für den Glühkörper ausschalten und erst dann die Lampe berühren. In diesem Zusammenhang ist an den vorsichtigen Umgang mit Hochspannung zu denken. Deshalb ist es auch sinnvoll, bei dem vorgestellten Schaltungsvorschlag nicht auf den Taster S4 zu verzichten. Wenn Sie Fragen zu dem Umgang mit Hochspannung haben, so gibt ihnen bestimmt die Berufsgenossenschaft nähere Auskünfte, wenngleich sie eigentlich nur für Unternehmen zuständig ist; Anschrift und Telefonnummer erhalten Sie von der Telefonauskunft.

Sobald die Bleistiftmine glüht, sendet sie auch Elektronen aus, die von dem Hochspannungsfeld beschleunigt werden und dabei die

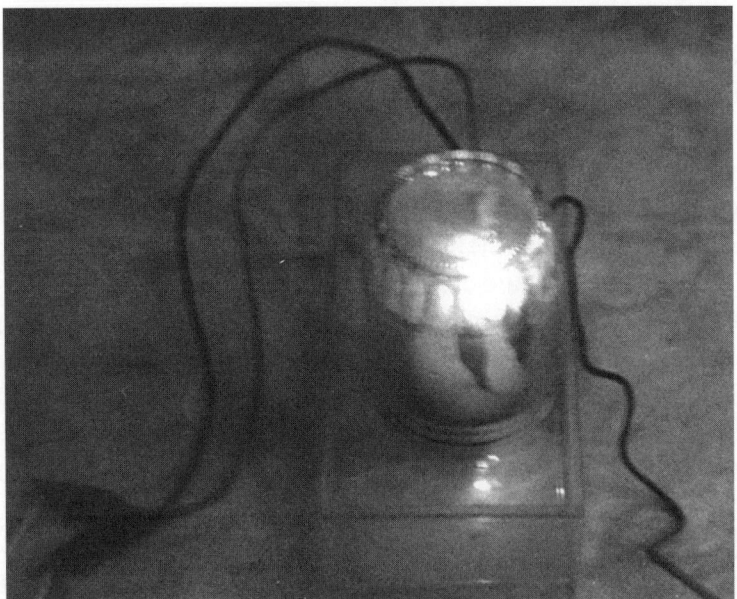

Abb. 61: Erster praktischer Gehversuch mit einer selbstgebauten Gasentladungs-
lampe; gelegentlich konnte ein kurzer Lichtblitz damit erzeugt werden

Luftmoleküle zum Leuchten anregen. Bei meinen Versuchen konnte ich mit diesem primitiven Versuchsaufbau gelegentlich faszinierende Blitze erzeugen, so wie es in der *Abbildung 61* zu sehen ist. Wie Sie sehen, lassen sich bereits mit bescheidenen Mitteln Lampen verschiedener Art herstellen. Es ist aber auch ersichtlich, wie schwierig es ist, Lampen mit hoher Leuchtkraft zu entwickeln.

Wenn die Pharaonen Spannungsquellen gebaut haben, waren sie dann auch im Stande, elektrisches Licht zu erzeugen? Die Autoren Peter Krassa und Reinhard Habeck zeigen in ihrem Buch „Das Licht der Pharaonen", daß die Technologie des elektrischen Lichtes vielleicht schon damals vorhanden war. „Blasen- oder Ballonartige Gebilde, anzusehen wie Glasbirnen. Sind die sich darin windenden Schlangen lediglich Abbilder von Glühdrähten oder ähnlichem stromleitenden Zubehör? Und wie verhält es sich mit der Birnenfassung? Sie wird auf den Reliefs in Form des Lotos dargestellt. ...In jedem Fall ist der Lotos ein wichtiger Bestandteil der Glühbirnen-Darstellung auf den Dendera-Reliefs. Nicht anders verhält es sich mit den Kabelsträngen ... Und schließlich dürfen auch die sogenannten Djedpfeiler nicht unerwähnt bleiben ... Nicht von ungefähr erinnern Djedpfeiler an moderne Hochspannungs-Isolatoren ..." Wandreliefs zeigen deutlich Objekte, die wie Glühlampen oder Gasentladungslampen aussehen, was die Schulwissenschaft heftig dementiert und in diesen Abbildungen lediglich kultische Gegenstände sieht. Der Dipl.-Ing. Walter Garn sieht hingegen in den Djedpfeilern durchaus eine Ähnlichkeit mit unseren heutigen modernen Hochspannungsisolatoren. Er „hält es für denkbar, daß bereits damals ein Energieträger benützt worden sei, der dem jetzt gebräuchlichen, modernen Bandgenerator ähnelte. Ein derartiges Gerät ist von dem Holländer Van de Graaf vor mehr als sechzig Jahren entwickelt worden. Er erzeugt hohe elektrische Spannungen und wird jetzt in der Kernphysik sehr begehrt." [2] Dipl.-Ing. Garn baute einen solchen altägyptischen Leuchtkörper erfolgreich nach und zeigte damit, daß diese Vorrichtung wirklich für Beleuchtungszwecke verwendet werden kann. Hatten also die alten Pharaonen wirklich schon elektrisches Licht? Die längst untergegangene Ära des Elektrozeitalters, ein paar tausend Jahre vor Christus – ein faszinierender Gedanke. Wenn das wirklich zutrifft, dann haben all die neuzeitlichen Wissenschaftler, wie z.B. Goebel und Edison, lediglich das Rad zum zweiten Mal erfunden.

4.4 Der Kondensator

Kondensatoren sind Bauteile, die vielfach in elektronischen Geräten vorkommen. Wie wir an Familie Mayer sehen werden, kommen Kondensatoren nahezu überall im Alltag vor. Herr Mayer fotografiert u.a. sehr gerne und verwendet dabei auch gelegentlich ein elektronisches Blitzlichtgerät. Darin ist ein Kondensator enthalten, der als kurzzeitige Spannungsquelle dient und während dem Blitzvorgang schnell entladen wird. Sohn Tobias, ein leidenschaftlicher Hobbyelektroniker, lötet Kondensatoren der unterschiedlichsten Art auf seine Platinen. Neulich hat er ein altes Fernsehgerät ausgeschlachtet, wobei ihm ein dicker runder Kondensator auf den Boden fiel und ein Stück weit rollte. Kater Tom rannte ihm sofort nach und weiß auch seither, daß man damit wunderbar Katz und Maus spielen kann. Tochter Julia Mayer interessiert sich nicht so sehr für Elektronik. Sie träumt vielmehr schon seit ihrer Kindheit davon, als Interpretin auf der Bühne zu stehen. Ihr ist dabei bestimmt nicht bewußt, daß eine spezielle Bauform eines Kondensators als Mikrofon verwendet wird. Das Kondensatormikrofon ist ein Mikrofon von höchster Qualität. Frau Mayer ruft gerade mit dem Handy ihren Mann an, um ihm zu sagen, daß sie heute etwas später nach Hause kommt. Bestimmt denkt sie nicht daran, daß in der Sende- und Empfangseinheit des Handys ein Schwingkreis vorhanden ist, der im einfachsten Fall aus einer Spule und einem Kondensator besteht. Nahezu in jedem Elektrogerät kommen Kondensatoren vor.

Wer aber waren die Forscher, die dieses Bauteil erfunden haben? Bereits seit 1600 v. Chr. wurde Bernstein von den Griechen importiert; siehe [1] „Keilschrift, Kompaß, Kaugummi" im Literaturverzeichnis. Griechische Wissenschaftler untersuchten die Zauberkraft dieses Bernsteins. Sobald er nämlich gerieben wird, lädt er sich elektrisch auf und kann andere kleine Gegenstände (Krümel, Strohstückchen, Staub etc.) anziehen. Viele Jahrhunderte später, begann der englische Naturforscher und Arzt William Gilbert (24. Mai 1544 bis 30. November 1603) die Bernsteinphänomene erneut zu erforschen. Weil das griechische Wort für Bernstein „elektron" ist, leitet sich daraus auch das später eingeführte Wort für Elektrizität ab. Heute sind viele Stoffe bekannt, die sich durch Reibung aufladen und diese Ladung auch eine gewisse Zeit speichern können. Durch einen einfachen Versuch kann man das einmal selber ausprobieren. Mit einem Kunststoffkamm kämmt man sich ein paar mal durch die (trockenen) Haare. Wenn dadurch Ladungsträger getrennt werden und auf dem Kamm haften bleiben, kann das durch das physikalische Gesetz, daß sich ungleichnamige Ladungen anziehen, nachgewiesen werden. Dazu drehen Sie einen Wasserhahn geringfügig auf, so daß ein feiner Wasserstrahl entsteht und halten den Kamm in seine Nähe. Wassermoleküle werden durch ihren Dipolcharakter angezogen, so daß der Wasserstrahl abgelenkt wird; siehe *Abbildung 62*. Wenn man einen Kondensator als Ladungsspeicher auffaßt, so kann man so einen geladenen Kunststoffkamm oder geriebenen Bernstein bereits

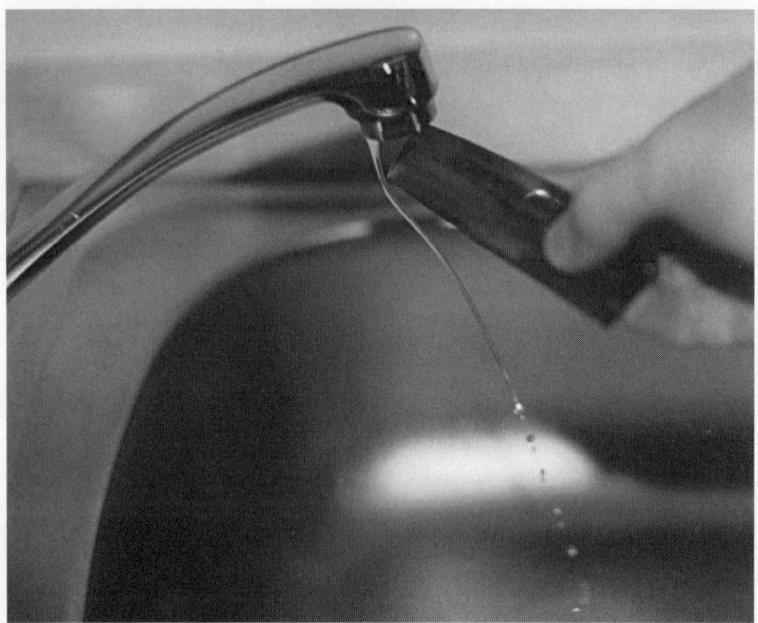

Abb. 62: Ein geriebener Kunststoffkamm kann einen dünnen Wasserstrahl ablenken

als eine primitive Form des Kondensators bezeichnen. Die älteste Form eines Kondensators im engeren Sinne wurde im Jahre 1745 zuerst von dem niederländischen Physiker Pieter van Musschenbroeck (von 1652 bis 1761) erfunden. Da er in der niederländischen Stadt Leiden wohnte, heißt diese Erfindung auch Leidener Flasche. Im gleichen Jahre wurde sie unabhängig davon von Physiker E. Georg von Kleist (von 1700 bis 1748) entwickelt. Die Leidener Flasche, die auch gelegentlich als Kleist'sche Flasche bezeichnet wird, besteht aus einem zylinderförmigen Glasgefäß, das innen und außen mit dünnen Zinnfolien ausgekleidet war. In der *Abbildung 63* sieht man eine Rekonstruktion der Leidener Flasche. 1783 baute Alessandro Graf Volta einen Plattenkondensator, dessen beide Platten durch eine Schicht aus Firnis gegeneinander isoliert war.

Wie so ein Kondensator funktioniert, zeigt die *Abbildung 64*. Im oberen Teil der Abbildung sieht man den prinzipiellen Aufbau eines Kondensators. Er besteht aus zwei metallenen Platten, die einander gegenüberstehen und sich nicht berühren, bzw. durch ein isolieren-

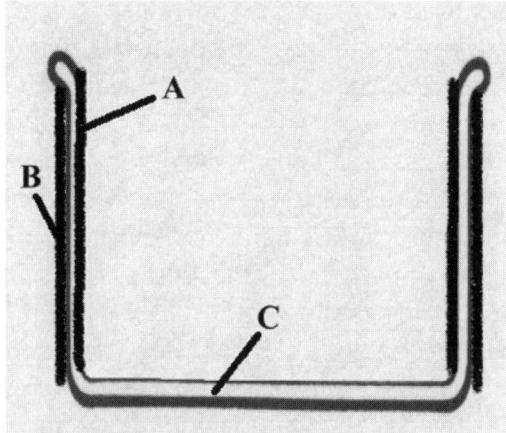

Abb. 63: Prinzipieller Aufbau der Leidener Flasche. A innere Auskleidung mit Zinnfolie, B äußere Umhüllung mit Zinnfolie, C zylindrisches Glasgefäß

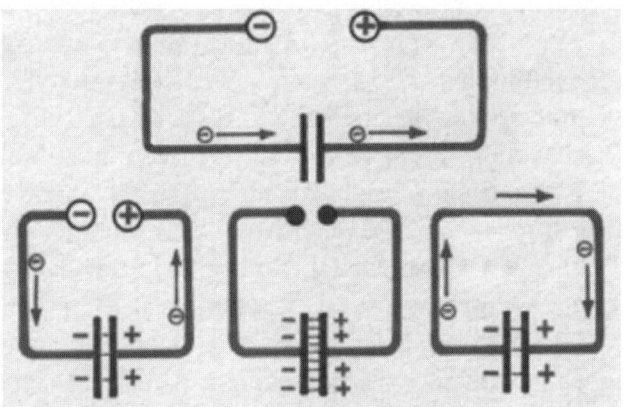

Abb. 64: Funktionsweise, Lade- und Entladevorgänge eines Kondensators

des Medium voneinander getrennt sind. Diese Zwischenschicht nennt man Dielektrikum, das im einfachsten Fall aus Luft besteht, meistens aber aus Papier, Kunststoff oder Keramik. Wird er an eine Gleichspannung angeschlossen, so fließt kurzzeitig ein Strom, obwohl der Kondensator eine Unterbrechung für den Stromkreis darstellt. Abbildung 64 zeigt im unteren Teil den Lade- und Entladevorgang. Der Kondensator ist mit einer Gleichspannungsquelle verbunden. Dabei saugt der positive Pol Elektronen auf der mit ihm verbundenen Platte ab und verschiebt genausoviele vom negativen Pol auf die mit ihr verbundenen Platte. Somit ist die eine Platte negativ und die ihr gegenüberstehende Platte positiv geladen. Auf der positiv geladenen Platte steigt die positive Ladung immer weiter an, so daß es zunehmend schwieriger wird, weitere Elektronen abzusaugen. Entsprechendes gilt für die negativ geladene Platte; auch dort werden zunehmend weniger Elektronen aufgenommen. Um trotzdem eine noch größere Ladung zu speichern, muß man die angelegte Spannung vergrößern. Ein Kondensator kann deshalb bei einer bestimmten Spannung nur eine definierte Ladung aufnehmen. Wenn die Spannungsquelle entfernt wird, bleibt der Kondensator geladen. Werden dann beide Platten leitend miteinander verbunden, dann können die überschüssigen Elektronen von der negativen Platte zur positiven fließen und dabei den Kondensator entladen. Eine wichtige Kenngröße gibt an, wieviel Ladung bei einer Spannung von 1 V gespeichert werden kann; man spricht von der sogenannten Kapazität. Sie wird zu Ehren von Michael Farady in Farad angegeben, meistens allerdings mit einem dezimalen Vorsatz (p = piko = 0,000 000 000 001, n = nano = 0,000 000 001, = mikro = 0, 000 001, m = milli = 0,001). Eine weitere wichtige Kenngröße ist die maximal zulässige Betriebsspannung. Sie darf nicht überschritten werden, da sonst der Kondensator durchschlägt. Je nach Anwendungsgebiet gibt es noch weitere Kenngrößen, die hier nicht weiter diskutiert werden sollen. Wie in der *Abbildung 65* zu sehen ist, gibt es verschiedene Bauformen von Kondensatoren. Man ist bestrebt, bei gegebener Kapazität möglichst geringe Abmessungen zu haben. Abhängig von der Kapazität und der zulässigen maximalen Betriebsspannung gibt es da zum Teil gewaltige Unterschiede in der Baugröße. Ebenso unterscheiden sich die einzelnen Formen; es gibt scheibenförmige, zylinderförmig, quaderförmige etc. Bei einem besonderen Typ ist sogar die Polarität der Betriebsspannung zu beachten.

In der *Abbildung 66* sieht man den inneren Aufbau verschiedener Kondensatorarten. Auf der linken Seite befindet sich ein Wickelkondensator, der aus zwei Aluminiumfolien und zwei Isolierfolien besteht. Übereinandergelegt und aufgewickelt, wird der Wickel noch mit Anschlüssen versehen und mit einer Kunststoffschicht umhüllt. Bei manchen Bauformen gibt man den Wickel auch in einen Blechbecher, der mit Paraffin vergossen wird; so erhält man einen Becher-

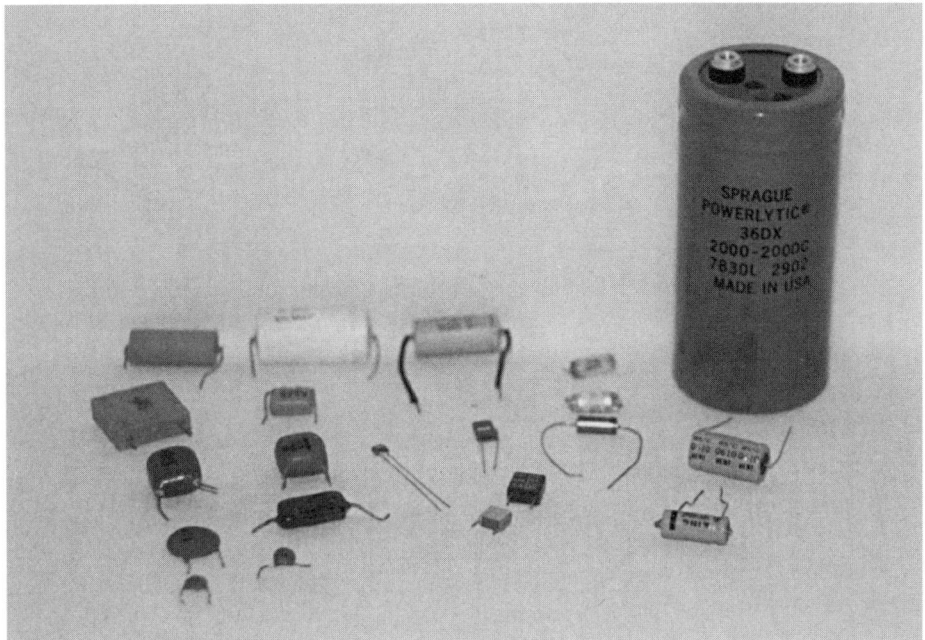

Abb. 65: Verschiedene Bauformen von Kondensatoren

kondensator. Auf diese Weise lassen sich auf kleinem Raum relativ große Kapazitätswerte erreichen. An Stelle der Aluminiumfolien, lassen sich auch die Isolierfolien mit einer Metallschicht bedampfen. Wird Isolierpapier verwendet, so erhält man Metall-Papier-Kondensatoren, und bei Verwendung von isolierenden Kunststoffolien bekommt man Metall-Kunststoff-Kondensatoren. Keramikkondensatoren haben, wie der Name schon sagt, ein Dielektrikum aus keramischem Material. Dieses Dielektrikum wird beidseitig mit einer Metallschicht bedampft, mit Anschlüssen versehen und zum Schutz vor Umwelteinflüssen mit einer Kunststoffschicht umgeben. Diese Keramikkondensatoren werden unter anderem in einer Rohr- oder Scheibenbauform hergestellt. Mittlerweile dürfte der Drehkondensator der Geschichte angehören. Er ist ein Plattenkondensator mit variabler Kapazität und Luft als Dielektrikum. Jede Platte besteht aus einem ganzen Plattensatz, also mehreren parallelen Platten, die miteinander leitend verbunden sind. Der eine Plattensatz kann aus den Zwischenräumen des anderen Plattensatzes herausgedreht wer-

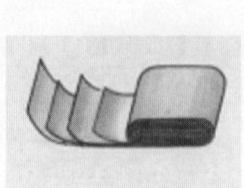
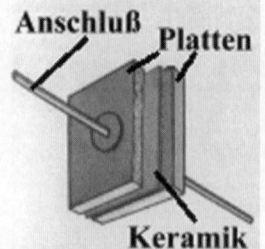

Abb. 66: Der Aufbau verschiedener Kondensatoren; Wickelkondensator (links),
Plattenkondensator (Mitte), Drehkondensator (rechts)

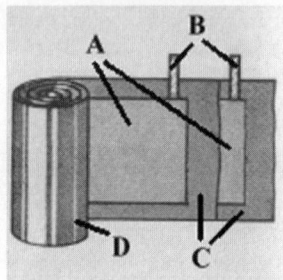

Abb. 67: Der Aufbau eines Elektrolytkondensators. A
Aluminiumfolien, B Anschlüsse, C saugfähiges Papier, das mit einem Elektrolyten getränkt ist, D auf-
gerollter Wickel

den, wobei sich die beiden Plattensätze natürlich nicht berühren dürfen. Früher wurde er beispielsweise in Eingangsschwingkreisen von
Radioempfängern zum Einstellen der Empfangsfrequenz und damit
dem Sender, verwendet. Ein weiterer Typ ist der Elektrolytkondensator oder in Kurzform Elko genannt. Er ist ähnlich aufgebaut wie
ein Wickelkondensator, wie man an der *Abbildung 67* sieht. Auch er
besteht aus Aluminiumfolien; die beiden Isolierfolien bestehen allerdings aus Papier, die mit einem Elektrolyten getränkt sind. Wie wir
weiter vorne gesehen haben, sind aber Elektrolyte stromleitende
Flüssigkeiten. Beim Anlegen einer Gleichspannung bildet sich an
der einen Elektrode eine Aluminiumoxidschicht, die sich elektrolytisch niederschlägt. Der Wickel ist in einer Metallbüchse unterge-
bracht, die abgedichtet ist, damit keine Feuchtigkeit eintreten kann
und auch kein Elektrolyt austreten kann. Im Kapitel 4.2 „Die Galvanik" ist beschrieben, wie Aluminium elektrolytisch mit einer Aluminiumoxidschicht überzogen werden kann; ein ähnlicher Vorgang findet bei der Herstellung der Elkos statt. Besonders wichtig ist, daß Elkos nur an Gleichspannung betrieben werden können; es ist deshalb

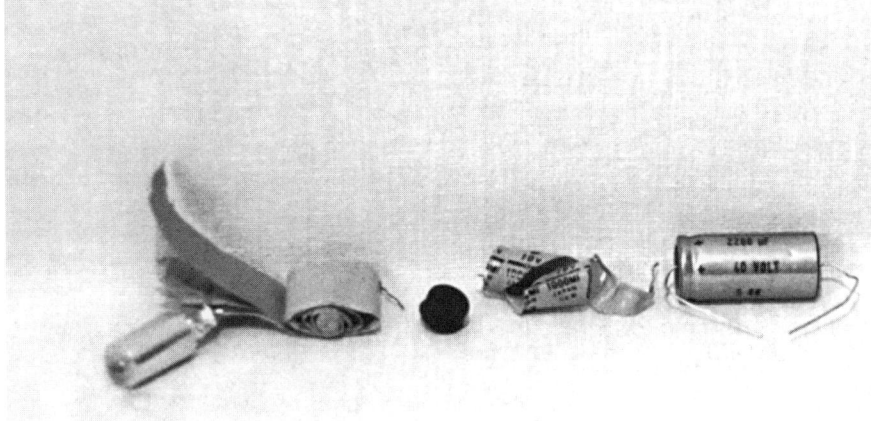

Abb. 68: Die Einzelteile eines Elektrolytkondensators (links), deutlich sind der Metallbecher, der Kondensatorwickel, die Abdichtung und die äußere Papierumhüllung zu sehen; daneben liegt zum Vergleich ein gleicher Elektrolytkondensator

darauf zu achten, daß sie richtig gepolt angeschlossen werden. Wird die Polarität vertauscht, so baut sich die Aluminiumoxidschicht ab und es kommt zu einem Kurzschluß zwischen beiden Aluminiumfolien. Dabei erhitzt sich der Elektrolyt so stark, daß er verdampft und durch den entstehenden Überdruck sämtliche Einzelteile durch das Zimmer fliegen. Der Umgang mit Elektrolytkondensatoren ist also nicht ganz ungefährlich. Wenn man aber zwei gleiche Elko's (gleicher Kapazität) gegensinnig in Reihe schaltet, so kann man diese Schaltung sehr wohl an Wechselspannung betreiben, da ja bei jeder Halbwelle immer einer von beiden richtig herum gepolt ist und der andere dabei nicht beschädigt wird. Dieses Prinzip wird bei den ungepolten Elkos ausgenutzt. Der große Vorteil der Elkos ist, daß durch die sehr dünne Oxidschicht und den kompakt gewickelten Aufbau die Kapazität sehr groß ist. *Abbildung 68* zeigt einen Elko und daneben einen weiteren, der in seine Einzelteile zerlegt ist.

Mittlerweile gibt es noch eine ganze Menge weiterer Bauformen und Typen. Nur noch eine moderne Variante soll vorgestellt werden. Ei-

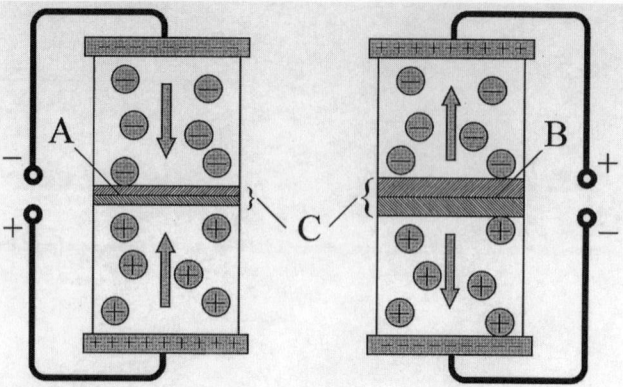

Abb. 69: Das Wirkprinzip einer Kapazitätsdiode. A die Sperrschicht ist in Durchlaßrichtung abgebaut, B in Sperrichtung ist die Breite der Sperrschicht von der Höhe
der Spannung abhängig, C Sperrschichtbereich

ne Halbleiterdiode kann nicht nur als Gleichrichter oder Schalter
wirken, so wie es im nächsten Unterkapitel ausführlich beschrieben
wird, sondern sie läßt sich auch mit viel Erfolg als Kondensator verwenden. Die Wirkung dieser Kapazitätsdiode beruht darauf, daß als
Dielektrikum die Sperrschicht einer Siliziumdiode und für die metallenen Beläge das n- und p-leitende Gebiet ausgenutzt wird. Sie wird
in Sperrichtung betrieben, wobei die Kapazität von der Breite der
Sperrschicht und damit von der Sperrspannung abhängt. Je größer
die Sperrspannung, umso breiter wird auch die Sperrschicht; siehe
Abbildung 69. Kapazitätsänderungen von bis zu 1:10 sind möglich.
In der *Abbildung 70* ist eine einfache Grundschaltung dargestellt, bei
der die Kapazitätsdiode als variabler Kondensator geschaltet ist, wobei die mit R2 eingestellte Gleichspannung die Resonanzfrequenz
des Schwingkreises bestimmt. Die Steuerspannung wird am Potentiometer R2 abgegriffen und der Kapazitätsdiode über den Widerstand R1 zugeführt. R1 ist relativ hochohmig zu wählen, so daß die
im Schwingkreis oszillierende Wechselspannung nicht zu sehr über
die Widerstände belastet wird. Bei der Steuerspannung muß berück-
sichtigt werden, daß bereits kleine Spannungsschwankungen erhebliche Kapazitätsveränderungen bewirken. Deshalb muß die Gleichspannungsquelle meistens stabilisiert werden. Solche Kapazitätsdi-

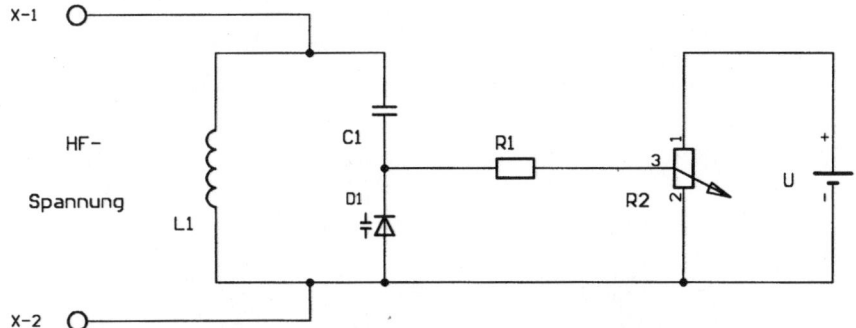

Abb. 70: Ein Schwingkreis mit Kapazitätsdiode, deren Kapazität spannungsabhängig ist

oden werden heute meist für Frequenzregeleinrichtungen benutzt, um beispielsweise in einem Empfangsgerät die Resonanzfrequenz des Schwingkreises exakt auf die Sendefrequenz einzustellen. Beispielsweise durch Erwärmung ändern sich während dem Betrieb die Werte der einzelnen Bauteile des Schwingkreises und damit natürlich auch dessen Resonanzfrequenz. Deshalb versucht man mit Hilfe einer Kapazitätsdiode und einer Regeleinrichtung diese Änderungen wieder auszugleichen. In der Bedienungsanleitung verschiedener Empfangsgeräte taucht in diesem Zusammenhang häufig die Bezeichnung AFC (automatic frequency control) auf, was nichts anderes ist als eine automatische Frequenzregelung.

Wußten Sie eigentlich, daß man so einen veränderlichen Kondensator auch als Verstärker betreiben kann? Eine ganz interessante Anwendung von Kapazitätsdioden ist der sogenannte parametrische Verstärker. Er wird auch als Reaktanzverstärker bezeichnet und findet bei Höchstfrequenzanwendungen seinen Einsatz. Seine Funktion beruht darauf, daß einem Schwingkreis durch periodisches Verändern seiner Kapazität Energie zugeführt werden kann. Lassen Sie mich die Funktion anhand der *Abbildung 71* erklären. In einen Schwingkreis, der aus einer Spule und einem Kondensator mit veränderbarem Plattenabstand besteht, wird hochfrequente Energie eingespeist. Wenn die Spannung am Kondensator gerade maximal ist, wird der Abstand der Kondensatorbeläge um die Strecke Δd ver-

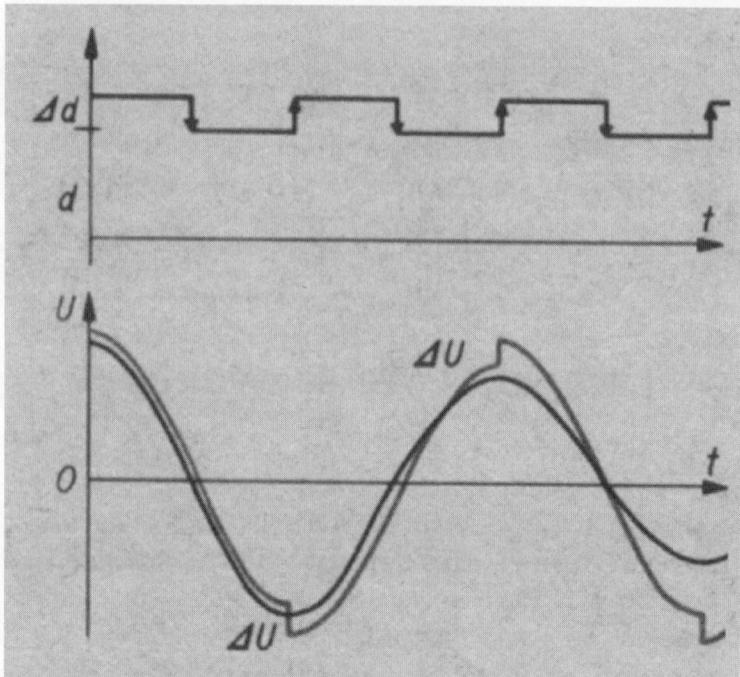

Abb. 71: Das Wirkprinzip eines parametrischen Verstärkers

größert, was dann eine Verkleinerung der Kapazität hervorruft. Da aber die Ladung immer noch die gleiche ist, vergrößert sich die Spannung um den Wert Δu, wobei dem Kondensator Energie zugeführt wird. Bei Reduzierung des Plattenabstandes um Δd, nimmt auch die Spannung um Δu ab, es sei denn, die Annäherung erfolgt im Moment des Nulldurchgangs der Spannung. Erfolgt die Vergrößerung und Verkleinerung der Plattenabstände im richtigen Zeipunkt, dann kann Energie in den Schwingkreis eingekoppelt werden. Für die technische Realisierung des parametrischen Verstärkers scheidet eine mechanische Abstandsveränderung aus. Man nutzt dabei vielmehr die Eigenschaften von Kapazitätsdioden, die durch eine äußere Spannung gesteuert werden. Diese Steuerspannung nennt man auch Pumpspannung, da man damit Energie in den Schwingkreis hineinpumpt. Schon bei Zimmertemperatur zeichnen sich parametrische Verstärker durch ein schwaches Eigenrauschen aus, das durch Kühlung noch weiter verringert werden kann. Solche Verstärker

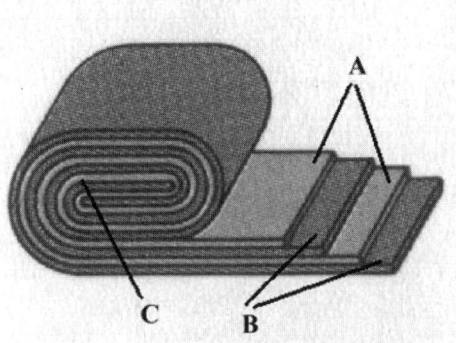 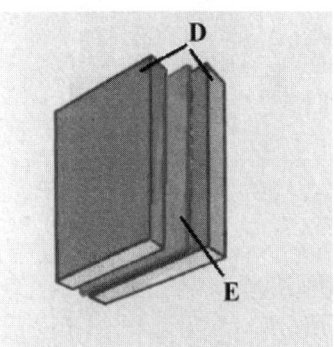

Abb. 72: Selbsthergestellter Wickelkondensator (links) und Plattenkondensator (rechts). A Streifen aus Zeitungspapier o.ä., B Aluminiumfolie, C Wickel, D mit Aluminiumfolie umklebte Kartonstücke, D Zeitungspapier o.ä.

kommen zum Einsatz, wenn extrem schwache Signale verstärkt werden müssen, beispielsweise in Empfangsanlagen der Raumfahrt und der Radioastronomie oder bei Radargeräten mit sehr großer Reichweite. Mit einfachen Mitteln wollen wir auch jetzt wieder das eine oder andere einmal selber nachbauen. Fangen wir mit einer Rekonstruktion der Leidener Flasche an. Dazu nehmen wir ein Gefäß aus Glas – es geht auch Kunststoff – beispielsweise ein gewöhnliches Marmeladenglas und bekleben die Außen- und Innenseite mit je einem Metallstreifen aus Aluminiumfolie. Lassen Sie jeweils eine kleine Ecke als Anschluß am oberen Rand von der Glaswand wegstehen – ähnlich einem Eselsohr – damit Sie dort die Leidener Flasche mit Krokodilklemmen anschließen können. Bevor wir nun den selbst hergestellten Kondensator prüfen, stelle ich noch zwei weitere Möglichkeiten nach *Abbildung 72* für Kondensatoren zum Selbermachen vor. Eine Möglichkeit besteht darin, aus Aluminiumfolie, wie sie im Haushalt verwendet wird, zwei gleichgroße Streifen herzustellen, wobei die konkreten Abmessungen im Prinzip gleichgültig sind; für meine Versuche benutzte ich zwei Aluminiumstreifen mit den Abmessungen 30 cm x 5 cm und zwei Papierstreifen aus Zeitungspapier, die etwas größer waren. Abwechselnd werden sie übereinander gelegt und zwar in der Weise, daß die eine Aluminiumfolie auf der einen Längsseite etwas heraussteht und die andere Aluminiumfolie auf

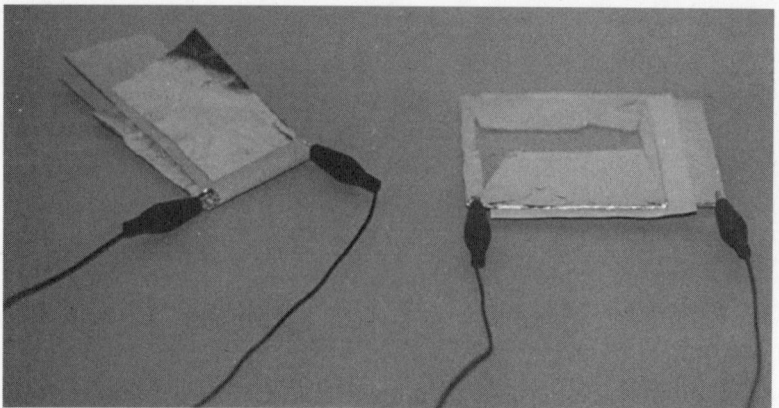

Abb. 73: So sehen die selbsthergestellten Kondensatoren in der Praxis aus; links der Wickelkondensator und rechts der Plattenkondensator

der anderen Längsseite. Anschließend wickelt man das ganze auf. An den überstehenden Aluminiumfolien der Wickelenden kann man dann den Kondensator mit Krokodilklemmen anschließen. Der fertige Wickel wird zum Schluß mit etwas Klebeband umklebt, damit er besser gehandhabt werden kann. Die zweite Möglichkeit, die ich hier vorstellen möchte, stellt einen Kondensator mit variabler Kapazität dar. Dabei werden zwei Kartonstücke hermetisch mit Aluminiumfolie beklebt; für meine Laborversuche hatten sie eine Größe von etwa 10 cm x 10 cm. Beide so hergestellten Kondensatorplatten werden übereinandergelegt, wobei sich zwischen beiden ein Stück Zeitungspapier als Dielektrikum befindet, das an allen vier Seiten etwas über die Kondensatorplatten hinaussteht, um Kurzschlüsse auszuschließen. Es ist auch interessant, mit verschiedenen Dielektrika zu arbeiten, wie z.B. verschiedenen Papiersorten, Kunststoffolien etc. Das gleiche gilt auch für verschiedene Abmessungen der Kondensatorplatten, denn in beiden Fällen ändert sich der Wert der Kapazität des Kondensators. Um den Kondensator mit Krokodilklemmen anschließen zu können, werden die Kondensatorplatten auch wieder etwas versetzt plaziert. In *Abbildung 73* sieht man den Aufbau in der Realität. Um die Kapazität beim Plattenkondensator zu variieren, wird die obere Kondensatorplatte verschoben, so daß sich die Fläche in der sich beide Kondensatorplatten überlappen, verkleinert oder vergrößert. So schön das jetzt auch aussehen mag, bringt es doch we-

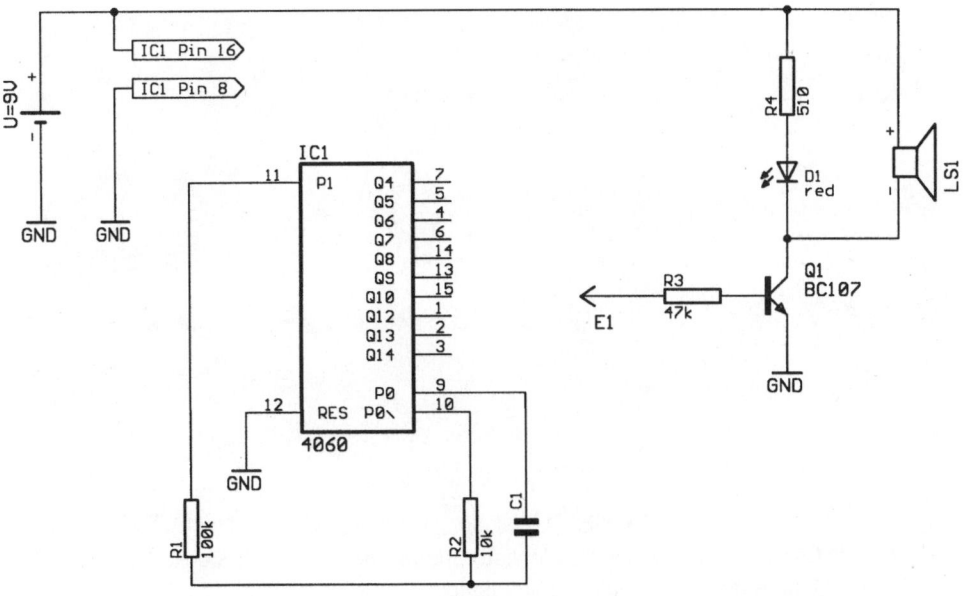

Abb. 74: Schaltplan des Kondensatorprüfgerätes

nig, wenn man die selbsthergestellten Kondensatoren nur ansehen kann; auch wer ein Kapazitätsmeßgerät zu Hause hat, kann zwar die Kapazität messen aber das war es dann auch schon. Deshalb stelle ich noch eine kleine einfache Schaltung vor, in die man diese selbstgebauten Kondensatoren einbauen kann; *Abbildung 74* zeigt den zugehörigen Schaltplan. Kernstück der Schaltung ist IC1, ein 14-stufiger Ripple-Carry Counter mit integriertem Oszillator. R1, R2 und C1 bestimmen die Frequenz des Oszillators, wobei R1 und R2 zwei Festwiderstände sind, und für C1 ein selbsthergestellter Kondensator verwendet wird. Die Oszillatorfrequenz berechnet sich dann zu $f \approx \frac{1}{(2,2\,R_2 C_1)}$. Im Schaltkreis speist der Oszillator einen 14-stufigen Zähler – es handelt sich um einen Ripple-Carry Counter – von dem die meisten Ausgänge herausgeführt sind. So eine einzelne Zählerstufe kann man sich als Frequenzhalbierer vorstellen, das heißt am Ausgang ist die Frequenz nur noch halb so groß wie am Eingang. Der Ausgang des einen Zählerbausteins treibt den Eingang des nächsten. Es entsteht dann eine Kette von 14 Zählerbausteinen, die auf diese Weise hintereinandergeschaltet sind.

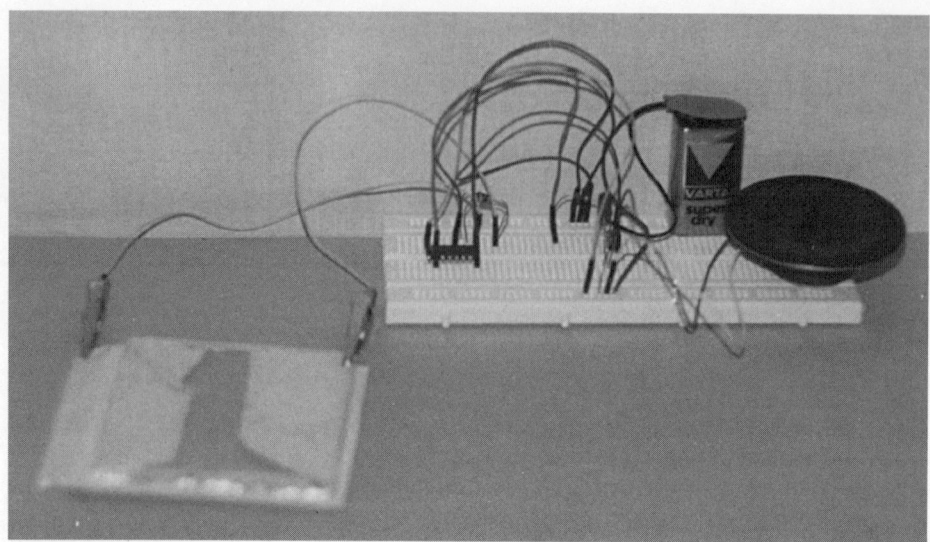

Abb. 75: Der reale Aufbau des Kondensatorprüfgerätes mit einem Steckboard und einem selbsthergestellten Plattenkondensator

Durch die Dimensionierung von R2 und durch die Tatsache, daß der selbsthergestellte Kondensator C1 eine relativ kleine Kapazität hat, erhält man eine Rechteckspanung, die im höheren Frequenzbereich oszilliert und den ersten Zählerbaustein ansteuert. Der Tastkopf E1 wird dann mit irgendeinem Ausgang verbunden, wobei die oszillierende Ausgangsspannung über den Vorwiderstand R3 den Transistor Q1 ansteuert. Im Rhythmus der entsprechend heruntergeteilten Oszillatorfrequenz „blinkt" die LED D1 und es „ertönt" der Lautsprecher LS1. Ich habe die Verben in Anführungsstriche gesetzt, weil unsere Augen ein Blinken nur bei einer Frequenz von weniger als 25 Hz wahrnehmen können, darüber nehmen wir ein Dauerleuchten wahr; Töne hingegen können wir nur in einem Frequenzbereich von etwa 16 Hz bis etwa 20 000 Hz hören. Deshalb ist es sinnvoll, mit E1 verschiedene Ausgänge von IC1 abzutasten. Ohne großen Aufwand kann man die paar Bauteile auf eine Lochrasterplatine löten. Wer die Schaltung allerdings nicht so oft braucht, kann sie auch mit ein paar Handgriffen auf einem Steckboard als fliegenden Aufbau zusammenstecken; siehe auch *Abbildung 75*. Wenn man für C1 den Plattenkondensator nach Abbildung 73 verwendet, so besteht die Möglichkeit, dessen Kapazität zu variieren. Dazu muß nur die eine Platte von C1 gegenüber der anderen verschoben werden. Durch Variation von C1 ändert sich aber auch die Oszillatorfrequenz und damit natürlich auch die an den Ausgängen jeweils heruntergeteilte Frequenz. Je nachdem, an welchem Ausgang der Tastkopf E1 angeschlossen ist, sieht man dann, wie sich das Blinken der LED D1 ändert, beziehungsweise hört man, wie sich die Tonhöhe des vom Lautsprecher LS1 ausgestrahlten Tones ändert. Vielleicht gelingt es Ihnen auch, mit diesem primitiven „Kondensatorklavier" eine kleine Melodie zu spielen. Anstelle von C1 können Sie auch eine Lautsprecherleitung – auch unter den Bezeichnungen Zwillingslitze oder NYFAZ bekannt – verwenden, die nur an der einen Seite angeschlossen wird, das andere Ende bleibt frei. Solch eine Leitung besteht aus zwei parallelen Leitern, die durch die Isolierung voneinander getrennt sind; mit anderen Worten haben wir also wieder einen Kondensator vor uns. Je länger diese Zwillingslitze ist, desto größer ist auch die Kapazität des Kondensators. Die Wirkung des Dielektrikums ersteckt sich aber nicht nur auf den Zwischenraum der beiden Leiter, sondern auch auf deren nähere Umgebung. Dies läßt sich wunderschön demonstrieren, indem man die Hand der Zwillingslitze nähert. Dadurch ändert sich nämlich in geringem Maße die Kapazität. Wenn die Grundkapazität klein ist – also wenn ein relativ kleines Stück Zwillingslitze verwendet wird – dann machen sich solche geringen Kapazitätsveränderungen deutlich bemerkbar, indem sich beispielswiese die Tonhöhe verändert.

Wenn nun nach *Abbildung 76* der eine Leiter der Zwillingslitze beibehalten und der andere um die Isolation des ersteren gelegt wird, so bildet sich ebenfalls wieder ein Kondensator. Dieser Zylinderkondensator besteht aus einem Innenleiter, einem Außenleiter und einem Dielektrikum. Auf diese Weise ist der Einflußbereich des Dielektrikums auf den durch den Außenleiter umgebenen Zwischenraum beschränkt; eine abschirmende Wirkung ist die Folge. Solch eine Leitung nennt man Koaxialleitung und verwendet sie für meßtechische Zwecke und als Hochfrequenzleitung, z.B. für den Satellitenempfang. Ein natürlicher Kondensator gigantischer Dimension tritt besonders markant bei einem Gewitter hervor. Dann nämlich

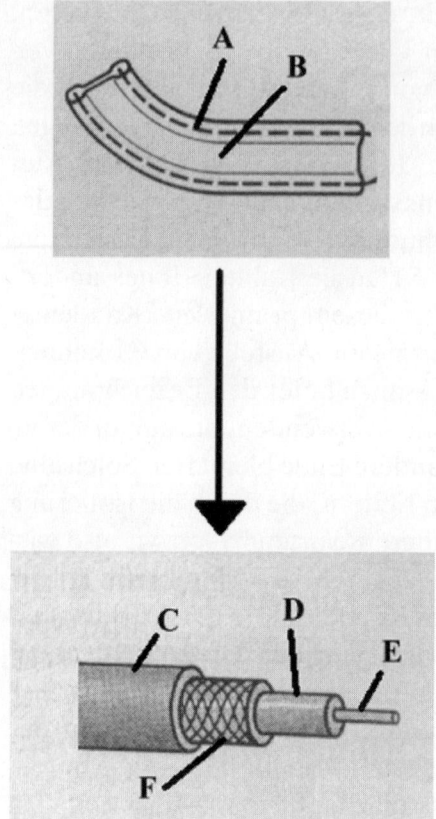

Abb. 76: Entstehung einer koaxialen Leitung (unten) aus einer Zwillingsleitung (oben). A einer von zwei parallelen Leitern, B Isolierung, C äußerer Kunststoffmantel, D innere Isolierung (Dielektrikum), E Innenleiter, F abschirmendes Geflecht als Außenleiter

sind elektrische Ladungen durch aneinanderreibende Luftströmungen voneinander getrennt, womit auch eine Spannung zwischen Wolkenschichten und Erdboden besteht. Man kann sich dann die Wolkenschichten und das Erdreich als Kondensatorplatten und die Luftschicht dazwischen als Dielektrikum vorstellen. Wenn die Spannung dann groß genug ist, kann eine Entladung dieses Kondensators in Form eines Blitzes stattfinden. Um sich vor solchen Blitzeinschlägen zu schützen, hat (vermutlich) Michael Faraday den Blitzableiter erfunden. Vielleicht gab es aber den Blitzableiter auch schon im Pharaonenreich, denn Kurt Sattelberg schreibt in seinem Buch „Vom Elektron zur Elektronik" (siehe dazu auch im Literaturverzeichnis unter [14]): „Auch die Ägyptologen greifen diese Fährte auf und glauben ihrerseits, im Ägypten der Pharaonen Anhaltspunkte für Blitzschutzeinrichtungen zu haben. Sie vermuten derartige Anlagen unter anderem in den metallenen Säulen und metallbeschlagenen Pylonen vor den Tempeln in Edfu, Dendera und Medinet Abu." Ja sogar aus den Inschriften wollen sie entsprechende Hinweise herauslesen. Ebenso trauen Peter Krassa und Reinhard Habeck in ihrem Buch „Das Licht der Pharaonen", den alten Ägyptern Blitzableiter zu: „Besondere Aufmerksamkeit jedoch erweckte seinerzeit jenes göttliche Symbol, das ursprünglich die Spitze der Cheopspyramide zierte und von besonderer Bedeutung war: eine goldene Kugel. Sie besaß einen Durchmesser von mehreren Metern und diente den Priestern als Blitzableiter! Derartige Anlagen schützten auch andere Tempel. Leider fiel das goldene Wahrzeichen der Raubgier von Pyramidenschändern zum Opfer....."

Ein biblisches Ereignis berichtet uns von Mose, der die Israeliten aus der ägyptischen Gefangenschaft führte. Vielleicht hat er schon einen Kondensator benutzt, ohne es zu wissen, als er die Bundeslade baute. In Exodus 25, 10–11 steht nämlich geschrieben: "... Verfertigt eine Lade aus Akazienholz, zweieinhalb Ellen lang, eineinhalb Ellen breit und eineinhalb Elen hoch! Überziehe sie mit reinem Gold von innen und von außen und befestige eine Leiste aus Gold ringsherum! ..." An einer anderen biblischen Stelle finden wir in 1 Chronik 13, 7–10: "... Sie fuhren die Lade Gottes auf einem neuen Wagen aus dem Hause Abinadabs weg, wobei Ussa und Achjo den Wagen lenkten. ... da streckte Ussa seine Hand aus, um die Lade zu halten, denn die Rinder waren durchgegangen. Doch der Zorn des Herrn entbrannte gegen Ussa, und erschlug ihn, weil er seine Hand nach der Lade ausgestreckt hatte. Er starb dort..." Dem Bericht zufolge war diese Bundeslade ein Kondensator, der vermutlich bei einem Gewitter geladen wurde. Aber zurück zu den Pharaonen. Weshalb braucht eine Pyramide aus Stein überhaupt einen Blitzableiter? War es vielleicht möglich, daß im Inneren ein Kondensator ähnlich dem der biblischen Bundeslade war, der durch einen Blitzeinschlag aufgeladen wurde? Die gespeicherte Energie konnte dann vielleicht für den Betrieb der Beleuchtungseinrichtungen verwendet werden. Als vor ein paar hundert Jahren die Gewitterelektrizität neu untersucht wurde, versuchte man ja auch den Energiegehalt von Blitzen einzufangen und kurzzeitig in einer Leidener Flasche zu speichern.

4.5 Halbleiter

Sie werden sich vielleicht wundern, wenn in diesem Buch auch von Halbleitern die Rede ist. Aber wie uns Familie Mayer zeigen wird, haben wir alle im Alltag damit zu tun. Das elektronische Thermometer, das Frau Mayer im Krankenhaus verwendet, kommt ohne moderne Halbleiter nicht aus; ganz zu schweigen von den medizintechnischen Geräten. Auch ihr Mann nutzt Halbleiter intensiv, wenn es ihm auch nicht bewußt ist. Denn als Verwaltungsangestellter im Versicherungsbüro sitzt er fast den ganzen Tag am Computer, dessen „Innereien" nahezu ausschließlich aus Halbleitern bestehen. Tochter Julia hat während ihrer kaufmännischen Ausbildung auch in der Abteilung Rechnungswesen zu tun, wo sie die einzelnen Geschäftsvorfälle mit dem Taschenrechner überprüft; bestimmt denkt sie nicht bewußt daran, daß dabei auch Halbleiter im Spiel sind. Von Tobias Mayer wissen wir ja bereits, daß er Hobbyelektroniker ist und verschiedende Bauteile, worunter auch Halbleiter sind, in seine Platinen einlötet. Ob sich Kater Tom mit Halbleitern auskennt, weiß eigentlich niemand so genau; fest steht nur, daß auch er sich gelegentlich vor das Fernsehgerät setzt und besonders bei Tiersendungen ganz interessiert zusieht; außerdem ist er auch schon mal über die Tastatur gelaufen, als Tobias gerade am Computer saß und Hausaufgaben machte.

Es ist schon häufig das Stichwort Halbleiter gefallen, so daß es jetzt sinnvoll ist, einige elektronischen Bauteilentwicklungen vorzustellen. Bei seinen Versuchen mit Kohlefadenlampen stellte Thomas Alva Edison um das Jahr 1880 fest, daß sich der Lampenkolben bei längerem Betrieb schwarz färbte. Aus seiner Sicht mußte es sich um eine Schicht aus Kohlenstoffteilchen handeln. Im Laufe der Zeit beeinträchtigte aber diese Schwärzung die Strahlungseigenschaft der Glühlampe und damit auch die Helligkeit. Zur Abhilfe ordnete er eine Metallplatte über dem Glühfaden an, wodurch die Schwärzung weitgehend vermieden wurde. Sobald er aber nach *Abbildung 77* diese Metallplatte über einen Strommesser mit dem Glühfaden verband, floß ein Strom durch das Vakuum – also quasi durch einen geöffneten Stromkreis – und das auch noch ohne Spannungsquelle. Bei

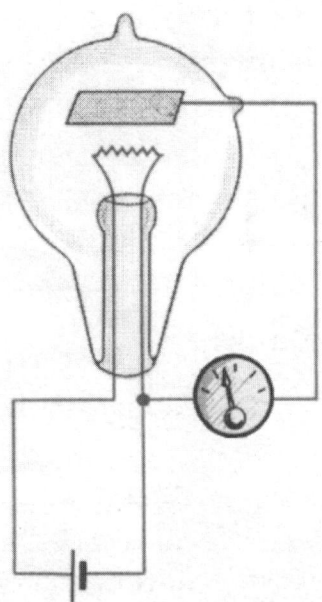

Abb. 77: Historischer Versuchsaufbau zur Demonstration des Edisoneffektes

diesem Edisoneffekt treten Elektronen aus dem Glühfaden aus und wandern durch das Vakuum zur Metallplatte, über das Meßgerät zurück zum Glühfaden. Leider wandern die Elektronen nach allen Seiten, so daß nur ein Teil davon auf die Metallplatte trift. Dieser Nachteil wird vermieden, wenn zwischen der Metallplatte und dem Glühfaden eine Spannung angelegt wird. Daraus entwickelte sich dann sehr schnell die Elektronenröhre in der Ausführung einer Diode, welche die Eigenschaft hat, daß nur dann ein Strom in diesem Stromkreis fließt, wenn die Metallplatte als Anode und der Glühfaden als Katode geschaltet wird. Bei umgekehrter Polarität werden die Elektronen von dem Glühfaden abgestoßen, so daß kein Strom fließt. Mit dieser Diode erreicht man also, daß der Strom nur in einer Richtung durchgelassen wird; man spricht dann auch von einem Gleichrichter, der früher auch als Stromventil oder nur als Ventil bezeichnet wurde. Später wurden noch weitere Metallgitter eingebaut, mit denen der Stromfluß gesteuert werden konnte. Damit standen dann Bauteile zur Verfügung, mit denen man schwächere Signale verstärken konnte. Leider haben diese Elektronenröhren den großen Nachteil, daß

Abb. 78: Mit diesem Aufbau kann man die gleichrichtende Wirkung von Kupfersul-
fidkristallen nachweisen

sie eine zusätzliche Stromquelle für die Heizung des Glühfadens benötigen, und somit einen recht großen Energiebedarf haben. Seit etwa 80 Jahren ist ein Bauelement bekannt, das ebenfalls eine gleichrichtende Wirkung zeigt. *Abbildung 78* zeigt eine Anordnung mit einer Batterie, einem Strommesser, einem Verbraucher in Form eines
Glühlämpchens und einem Gleichrichter. Der Gleichrichter besteht
aus einer Klemme, in der ein Kupfersulfidkristall sitzt und einem
Stückchen zugespitzten Aluminiumbleches. Kupfersulfid ist eine
Verbindung aus Kupfer und Schwefel. Das spitze Ende des Alumini-
ums berührt dabei den Kupfersulfidkristall. Nur wenn der Kupfersulfidkristall mit dem positiven Pol der Batterie verbunden wird,
fließt ein Strom und das Lämpchen leuchtet. Werden die Anschlüsse
der Batterie vertauscht, so fließt kein Strom und das Lämpchen
bleibt dunkel. Ein solch einfach aufgebauter Gleichrichter ist aber
für die Praxis zu groß und kann bei Erschütterungen leicht verstellt
werden. Diese Nachteile beseitigt man durch einen gekapselten Aufbau und durch Verwendung besserer Materialien.

Bei der Germaniumspitzendiode nach *Abbildung 79* erkennt man eine federnd angeordnete Drahtelektrode, deren Spitze auf ein Ger-

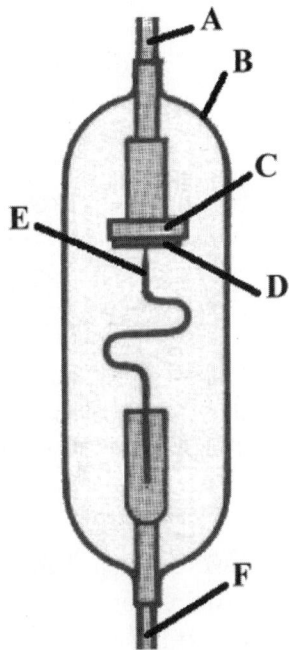

Abb. 79: Der Aufbau einer Germaniumdiode. A
Anode, B Glaskörper, C Grundplatte, D Germa-
niumplättchen, E Drahtspitze, F Katode

maniumplättchen drückt. Da dieses Bauteil zwei Elektroden hat,
nennt man es auch Diode – von DI = zwei und ElektrODE. Eine Diode muß so gepolt werden, daß der Strom von der Anode zur Katode
fließt; bei umgekehrter Polung sperrt die Diode. Gegenüber Elektronenröhren haben diese Halbleiterbauteile wesentlich kleinere
Abmessungen und vor allen Dingen brauchen sie keine Heizung; sie
kommen deshalb mit einem wesentlich geringeren Energiebedarf
aus. Außerdem ist die Lebensdauer bedeutend größer. Bevor ich auf
die physikalische Funktion von Halbleitern eingehe, will ich noch
zwei weitere Diodentypen vorstellen. Neben dem erwähnten Kupfersulfid gibt es aber auch noch andere Halbleitermaterialien. Beispielsweise wurden bis in die fünfziger Jahre Kupferoxydul- und Se-
lengleichrichter verwendet. Kupfer kann sich auf zweierlei Weise mit
Sauerstoff verbinden, so daß entweder rotes Kupfer(I)oxid oder
schwarzes Kupfer(II)oxid entsteht, wobei Kupfer(I)oxid auch als
Kupferoxidul bezeichnet wird. Dieses Kupferoxidul hat nun aber
halbleitende Eigenschaften, die in den Kupferoxiduldioden ausge-

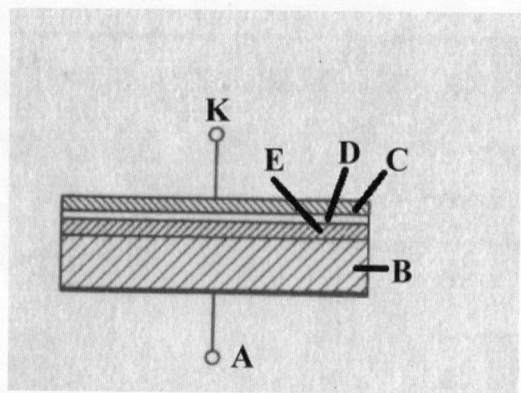

Abb. 80: Kupferoxiduldiode: A Anode, B kupferne Trägerelektrode, C Deckelektrode, D Graphit, E Kupferoxidul, K Katode

nutzt werden. In *Abbildung 80* sieht man deren schematischen Aufbau. Auf einer Trägerplatte aus Kupfer befindet sich eine dünne Kupferoxidulschicht. Darüber liegt eine dünne Schicht aus Graphit, die mit einer Metallplatte als zweiter Elektrode abgedeckt ist. Die Kupferplatte dient als Anode und die zweite Elektrode als Katode. Kupferoxiduldioden haben den besonderen Vorteil, daß ihre Schwellenspannung nur rund 0,2 V beträgt und die Stromflußkennlinie nahezu linear verläuft. Von Nachteil ist die relativ kleine maximal zulässige Sperrspannung von etwa 6 V.

In den dreißiger Jahren des zwanzigsten Jahrhunderts bewährte sich dieses Kupferoxidul als Halbleitermaterial für Gleichrichter und Photozellen. Aus dieser Substanz stellte man damals elektronische Bauelemente in großer Stückzahl her. Obwohl große praktische Erfahrungen vorlagen, fehlte es an wissenschaftlichen Untersuchungen darüber. Da die Wissenschaft vielfach von der Industrie geprägt und von dort auch leistungsfähigere Halbleiterbauteile nachgefragt wurden, suchte man nach besseren Halbleiterwerkstoffen und studierte dann intensiv die physikalischen Eigenschaften von Germanium und später Silizium. Kupferoxidul wurde dann später nur noch für Sonderzwecke verwendet. Wer den Aufwand nicht scheut, kann selber mal probieren, eine Halbleiterdiode herzustellen. Dazu besorgt man sich ein kleines Stück Kupferblech oder Kupferfolie – es reicht eine

Abb. 81: Oxidation von einem Stück Kuperblech zur Herstellung von Kupferoxidul

Abmessung von etwa 1 cm x 1 cm – und schmirgelt die Oberflächen mit feinem Schmirgelpapier blank. Anschließend muß das Kupferstück nach *Abbildung 81* erhitzt werden – aber nicht so, daß es glüht – wodurch sich an der Oberfläche eine dünne Kupfer(I)oxidschicht bildet, die an ihrer roten Farbe erkennbar ist. Zum Erwärmen eignet sich ein einfacher Spiritusbrenner, wie er beispielsweise im gut ausgestatteten Campingwarenhandel recht günstig erhältlich ist. Es geht natürlich auch mit einem Butan- / Propangas-Brenner u.a.; es muß nur darauf geachtet werden, daß das Kupferstück nicht zu heiß wird, weil sich sonst nicht das rote Kupfer(I)oxid, sondern das schwarze Kupfer(II)oxid bildet, das nicht diese gewünschte Halbleitereigenschaft hat. In so einem Fall muß das Kupferstück wieder blank geschmirgelt und erneut etwas weiter von der Flamme weggehalten oder (wenn möglich) die Brennerleistung reduziert werden. Nach ein paar Minuten, wenn sich eine rote Kupfer(I)oxidschicht gebildet hat, nehmen wir das Werkstück aus der Flamme. Eine Seite wird dann wieder mit feinem Schmirgelpapier blank geschliffen und ein Stück Draht angelötet, der als Anodenanschluß der Diode dient. Im nächsten Schritt muß die gegenüberliegende Seite über eine Kerzenflamme gehalten werden, wodurch sich eine schwarze Rußschicht ablagert. Auf die Rußschicht legt man ein kleines Stück Aluminium-

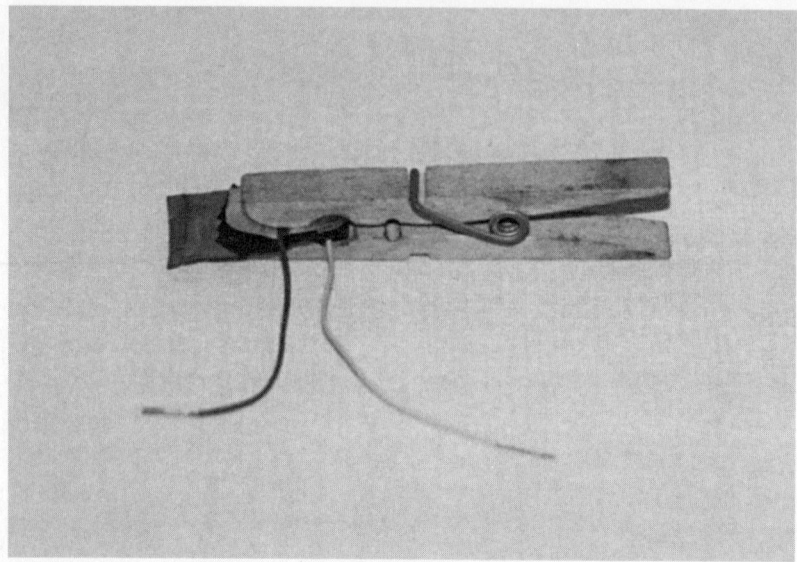

Abb. 82: Fertig aufgebaute Kupferoxiduldiode

folie, um die feine Ruß- und Kupferoxidulschicht nicht zu beschädigen. Sie wird mit einer Wäscheklammer – selbstverständlich keine metallene! – an dem oxidierten Kupferstreifen befestigt. Zwischen Wäscheklammer und Aluminiumfolie klemmt man noch ein Stück abisolierten Draht; dies ist der Katodenanschluß der Diode; siehe *Abbildung 82*. Fertig ist die (primitiv) aufgebaute Diode – verzagen Sie nicht, wenn es nicht auf Anhieb klappt, denn es ist nicht einfach, eine großflächige Kupfer(I)oxidschicht zu erhalten; es reicht aber auch ein kleiner „roter Fleck", der dann unter Umständen ausgeschnitten werden muß.

Selendioden bestehen ebenfalls aus mehrern Schichten, wie in *Abbildung 83* zu sehen ist. Auf einer Trägerelektrode aus Eisen befindet sich eine Zwischenschicht aus Nickel, auf die eine speziell vorbehandelte Selenschicht folgt. Danach kommt die Deckelektrode aus einer Cadmium-Zinn Legierung. Die Trägerelektrode bildet die Anode und die Deckelektrode die Katode. Selendioden haben eine Schwellenspannung von etwa 0,6 V und können eine Sperrspannung bis ca. 40 V vertragen. Als die Anforderungen an die Halbleiterdioden stiegen, wurden die Halbleiterwerkstoffe Kupferoxidul und Selen durch

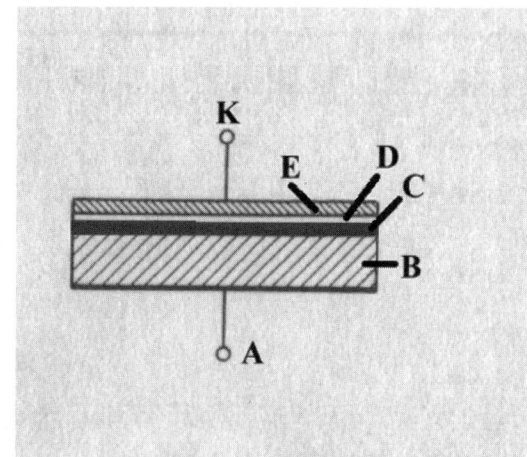

Abb. 83: Selendiode: A Anode, B Trägerelektrode, C Zwischenschicht aus Nickel, D p-Selen, E Deckelektrode, K Katode

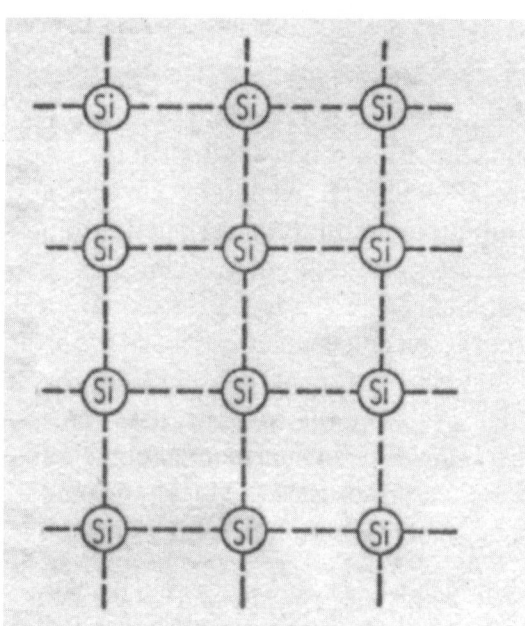

Abb. 84: Der atomare Aufbau von reinem Silizium

bessere ersetzt. Zunächst verwendete man Germanium und später dann Silizium. Um die Wirkungsweise dieser Halbleiter zu verstehen, betrachten wir stellvertretend den kristallinen Aufbau des Siliziums anhand der *Abbildung 84*. Silizium hat in seiner äußersten Elektronenschale vier Elektronen, die für die Verbindung dieser

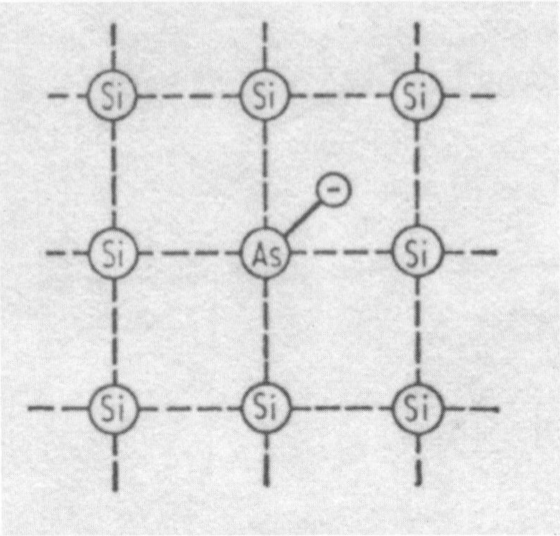

Abb. 85: Der atomare Aufbau von n-leitendem Silizium

Atome im Kristall zuständig sind. Durch Energiezufuhr können sich einzelne Elektronen aus der Bindung herauslösen und frei beweglich im Kristallgitter wandern. Dies erklärt, daß reines Silizium bei Raumtemperatur eine geringe Leitfähigkeit besitzt, die mit steigender Temperatur zunimmt. Um jetzt von äußerer Energiezufuhr unabhängiger zu werden, ersetzt man in dem hochreinen Siliziumkristall vereinzelt ein paar wenige Atome durch andere, die auf ihrer äußersten Elektronenschale ein Elektron mehr haben, z.B. Arsen. Wie man in *Abbildung 85* sieht, kann dieses zusätzliche Elektron keine Bindung mit Nachbaratomen eingehen; es steht vielmehr als frei bewegliches Elektron zur Verfügung und erhöht somit die Leitfähigkeit bereits bei Raumtemperatur.

Siliziumatome können aber auch nach *Abbildung 86* durch Atome ersetzt werden, die ein Elektron weniger auf ihrer äußeren Schale haben, z.B. Indium. Für die Bindung im Kristallgitter werden aber vier Elektronen benötigt. Deshalb holt sich dieses Fremdatom ein Elekton von der Nachbarschaft und kann so vier Bindungen eingehen. Dort, wo jetzt ein Elektron fehlt, springt ein Elektron von dessen Nachbarschaft in die Lücke, usw. Diese Lücke, man sagt auch Loch oder Defektelektron dazu, kann nun ebenfalls frei beweglich durch das Kristallgitter wandern. Sind Elektronen am Leitungsvorgang be-

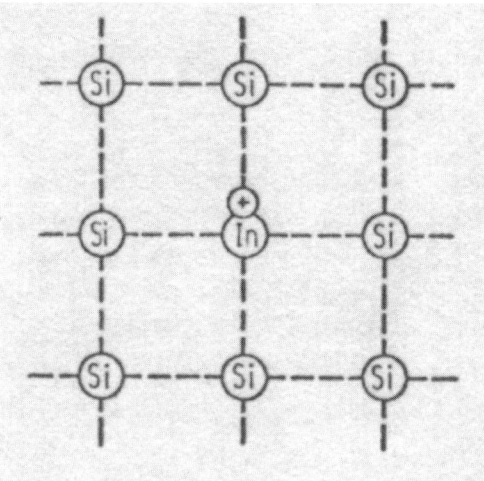

Abb. 86: Der atomare Aufbau
von p-leitendem Silizium

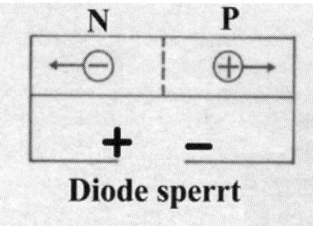

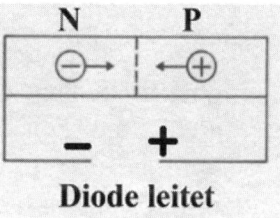

Abb. 87: Die Funktionsweise einer Halbleiterdiode

teilt, so spricht man von N-Leitung und von P-Leitung, wenn Löcher den Leitungsmechanismus bestimmen.

Wenn man nun einen Siliziumkristall nimmt, der auf der einen Seite N-leitend und auf der anderen P-leitend ist, so erhält man eine Diode. Die Funktion läßt sich mit Hilfe der *Abbildung 87* veranschaulichen. Beim Anlegen einer Spannung in der Weise, daß das p-leitende Gebiet mit dem Minuspol und der n-leitende Bereich mit dem

Pluspol verbunden wird, so werden frei bewegliche Elektronen vom Pluspol und Löcher vom Minuspol abgesaugt. Folglich fehlen an der Grenzschicht zwischen N- und P-Bereich frei bewegliche Ladungsträger. Es fließt dann kein Strom, die Diode sperrt.

Wird die Spannungsquelle umgepolt, so gelangen vom Minuspol ständig Elektronen in die N-leitende Zone. Der Pluspol saugt vom P-leitenden Gebiet Elektronen ab, so daß dort permanent Löcher gebildet werden. An der Grenzschicht zwischen N- und P-Bereich vereinigen sich Elektronen und Löcher, man spricht dann von Rekombination. In diesem Fall wird die Diode im leitenden Zustand betrieben. Mit Halbleitern lassen sich noch eine ganze Menge weiterer Bauteile herstellen, wie z.B. der Transistor. Er ist ein verstärkendes Bauelement, mit dem mit einem kleinen Strom im Eingangskreis ein größerer Strom im Ausgangskreis gesteuert werden kann. Der Transistor wurde 1948 von den Amerikanern W. Shockly, J. Bardeen und W.H. Brattain bei der Firma Bell Laboratories aus Germanium hergestellt. Wenn man n- und p-leitendes Halbleitermaterial gezielt aneinanderfügt, dann entstehen Dioden oder Transistoren. Deshalb muß es möglich sein, auf einem Halbleiterkristall eine ganze Menge solcher Bauteile unterzubringen. Im Jahre 1958 gelang es Jack S. Kilby von der Firma Texas Instruments, auf einem Basismaterial aus Germanium einen Transistor, drei Widerstände und einen Kondensator zu integrieren. Dies war die erste noch primitive integrierte Schaltung. Es begann das Zeitalter der IC-Technologie (engl. IC = Integrated Circuit, zu deutsch integrierte Schaltung). Im Laufe der Zeit nahm die Anzahl der Bauelemente pro Chip immer mehr zu; unter Chip versteht man das Halbleiterplättchen, auf dem die Schaltung integriert ist. Bei der VLSI-Technologie (engl. Very Large Scale Integration, zu deutsch etwa sehr große Integrationswerte) erreicht man heute bis zu mehrere 100 000 Bauelemente pro Chip; in *Abbildung 88* sieht man durch das Quarzglasfenster das Chip eines EPROMs.

Betrachten wir abschließend noch ein paar Schaltungen, die in Computer-ICs integriert sind. In *Abbildung 89* sind die drei prinzipiellen Grundschaltungen zu sehen, mit denen sich durch geeignete Verknüpfung alle Funktionen der Digitaltechnik realisieren lassen; es

Abb. 88: Der Blick durch das Quarzfenster eines EPROMs; deutlich ist der Chip und die Verdrahtungsanschlüsse zu erkennen

müssen nur genügend viele davon in geeigneter Weise miteinander verknüpft werden. Jeder Mikroprozessor enthält eine Vielzahl dieser Grundbausteine. Abbildung 89 oben zeigt ein einfaches UND-Gatter. Liegen an den Eingängen A und B Low-Pegel an, also 0 V, dann sind die Dioden D1 und D2 in Durchlaßrichtung geschaltet. Es fließt ein Strom durch den Widerstand R1, an dem auch der größte Teil der

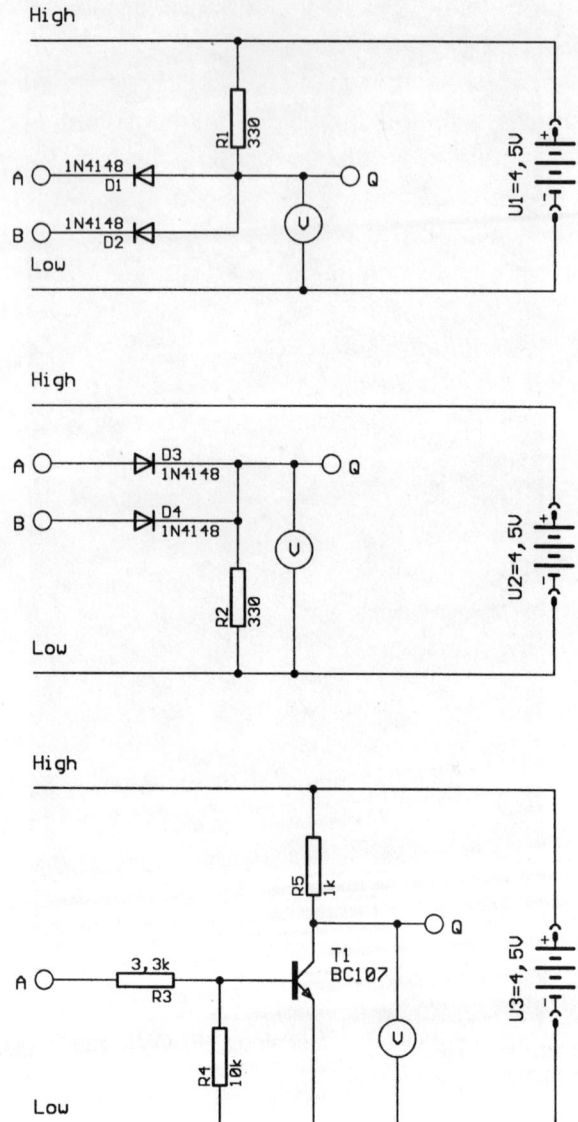

Abb. 89: Grundschaltungen der Computertechnik: UND (oben), ODER (mitte) Negation (unten).

Spannung abfällt. Am Ausgang Q liegt dann fast keine Spannung an; er führt Low-Pegel. Erst wenn gleichzeitig an beiden Eingängen High-Pegel anliegt, sperren beide Dioden, so daß kein Strom durch den Widerstand R1 fließt, und deshalb am Ausgang Q die Betriebsspannung U und damit High-Pegel anliegt. Wenn auch nur ein Eingang Low-Pegel führt, dann leitet die zugehörige Diode und es fließt ein Strom durch R1, so daß am Ausgang Q Low-Pegel anliegt. Dies ist das typische Verhalten eines UND-Gatters. Abbildung 89 Mitte zeigt ein einfaches ODER-Gatter. Wenn an allen Eingängen, A und B, ein Low Pegel anliegt, dann leitet keine der beiden Dioden D3 und D4. Folglich fließt auch kein Strom durch den Widerstand R2. An R2 liegt deshalb 0 V an. Sobald aber an irgendeinen der beiden Eingänge ein High-Pegel angelegt wird, leitet die entsprechende Diode, und es fließt ein Strom durch den Widerstand R2, so daß an ihm nahezu die ganze positive Spannung abfällt; der Ausgang Q führt High-Pegel. Dies gilt natürlich auch, wenn an beiden Dioden gleichzeitig ein High-Pegel anliegt. Die (primitive) Schaltung erfüllt somit alle Anforderungen an ein ODER-Gatter.

Abbildung 89 unten zeigt ein einfaches NEGATIONS-Gatter. In dieser Schaltung wird der Transistor T1 als Schalter betrieben. Eine positive Spannung am Eingang A läßt einen Basisstrom fließen, so daß der Transistor leitend wird. Dabei fließt ein Strom durch den Widerstand R5, an dem auch der größte Teil der Betriebsspannung abfällt. Die (Kollektor-Emitter-) Spannung am Transistor T1 ist dann nahezu 0 V. Am Ausgang Q liegt somit Low-Pegel an. Ein Low-Pegel am Eingang A bewirkt, daß der Transistor T1 sperrt, es fließt dann auch kein Strom durch R5, womit am Ausgang Q nahezu die gesamte Betriebsspannung anliegt. Diese einfache Transistorstufe invertiert das Eingangssignal und wirkt somit als Negations-Gatter.

Für diese Logikschaltungen kann man beispielsweise auch anstelle der gekauften 1N4148-Dioden die weiter vorne beschriebenen selbst hergestellten Kupferoxiduldioden verwenden.

Wie Sie gesehen haben, ist es relativ einfach, Halbleiterdioden herzustellen, denn bereits durch bloßes Erhitzen wird Kupfer an der Oberfläche oxidiert. Wenn man dann noch das grundlegende Wissen über Elektrizität hat und Spannungsquellen bauen kann, untersucht man bestimmt auch die Materie der Umgebung im Hinblick auf die elektrische Leitfähigkeit. Bestimmt stößt man dann früher oder später auf die Tatsache, daß dieses Kupfer (bei den kleinen Spannungen) mal den Strom leitet und manchmal auch nicht. Durch Neugier getrieben wird man dann erkennen, daß es die rote Oxidschicht auf dem Kupferblech ist, die diese Diodeneigenschaft bewirkt. Lassen Sie mich nun eine Frage in den Raum stellen, ohne eine Antwort darauf zu erwarten: Besteht die Möglichkeit, daß bereits die Pharaonen im Besitz von Halbleitern waren? Mit Sicherheit ja, denn Kupfer war bereits zur Zeit der dritten ägyptischen Dynastie bekannt und wurde abgebaut; sowohl Kupfer, als auch Kupferverbindungen fanden bei den Ägyptern Verwendung. Schon aus der jüngeren Steinzeit vor ca. 10 000 Jahren ist bekannt, daß Kupfer für die Herstellung von Waffen (z.B. Lanzenspitzen) und Geräten verwendet wurde. Folglich gab es auch Kupferoxidul, das ja durch erwärmen des Kupfers entsteht; ja sogar bei Raumtemperatur entsteht diese Verbindung – allerdings nur sehr langsam. Halbleitermaterial war also mit großer Sicherheit vorhanden. Ob es genutzt wurde oder ob wenigstens das Wissen über die elektrischen Eigenschaften vorhanden waren, das werden wir wohl nie erfahren.

Ich behaupte nicht, daß die Pharaonen in einem prähistorischen Elektronikzeitalter lebten, ich bestreite aber auch nicht, daß sie dieses Wissen vielleicht doch schon hatten, denn mir fehlen weder für die eine noch für die andere Behauptung die Beweise. In ihrem Buch „Das Licht der Pharaonen" schreiben Peter Krassa und Reinhard Habeck: „Somit war Neit, die Große Göttin …, eine Wissenschaftlerin, wahrscheinlich sogar eine Raumfahrtexpertin. Auf sie geht offensichtlich auch die Konstruktion (Geburt) jenes Raumfahrzeuges zurück, das danach unter dem Kommando des Wissenschaftsgottes Thot mit weiteren acht Astronauten … den Flug zur Erde angetreten hat." Wer aber das Wissen über Raumfahrttechnologie hat, kennt sich zwangsweise auch mit der Computertechnik aus, denn ohne Computer wäre Raumfahrt nicht denkbar. Wie wir aber gesehen haben setzen sich Computerbausteine aus vorwiegend drei Logik-Gattern zusammen. Gab es also doch ein prähistorisches Elektronikzeitalter?

4.6 Sonstiges

Nein, in diesem Unterkapitel soll einmal nicht die Familie Mayer zu Wort kommen, denn es soll ein Sammelsurium verschiedener Erfindungen sein, mit denen wir alle auf die eine oder andere Art konfrontiert werden. Ob bei einer medizinischen Blutuntersuchung oder bei der Arbeit im wissenschaftlichen Labor, das Mikroskop ist heute nicht mehr wegzudenken. Erfunden wurde das Mikroskop vermutlich von Hans und Zacharias Jansen aus Holland um das Jahr 1600 herum. Etwa um 1630 benutzte der Italiener Stelluti das Mikroskop zum Studium biologischer Objekte. Erst dem niederländischen Naturforscher Antony van Leeuwenhoek (24. Oktober 1632 bis 27. August 1723) gelang es, Linsen mit ausreichender Vergrößerung zu schleifen. Mit seinen einfachen Mikroskopen, die nur aus einer Linse bestanden, entdeckte er die Blutkörperchen. Außerdem untersuchte er damit Pilzhyphen, Spermazellen und anderes biologisches Material. Ein ähnliches einfaches Mikroskop – heute würde man eher von einer Lupe sprechen – können wir auf verblüffend einfache Weise selber bauen. Dazu nehmen wir einen Flaschenöffner nach *Abbildung 90* oder einen anderen flachen Gegenstand mit einer etwa 3 mm großen Bohrung und geben einen Tropfen Wasser beispielsweise mit einem Strohhalm in dieses Loch. Er bleibt in der Öffnung hängen und sieht aus wie eine dicke (kleine) Glaslinse. Betrachten Sie damit die Schrift oder noch besser ein Bild einer Zeitung, wobei die Wasserlinse ganz nah an das Auge zu führen ist. Zwischen Zeitung und Wasserlinse ist ein Abstand von nur wenigen Millimetern einzuhalten; außerdem muß die Zeitung hell beleuchtet sein. Wenn kein scharfes Bild zu erreichen ist, dann muß die Tropfenform verändert werden: bei einem zu großen Wassertropfen wird die Wassermenge vorsichtig durch ein Stück Löschpapier abgesaugt, wodurch sich auch die Vergrößerung verringert; die Vergrößerung erhöht sich, wenn mit einem Strohhalm etwas Wasser hinzugegeben wird. *Abbildung 91* zeigt die photographische Aufnahme, die ich mit einer ähnlichen Vorrichtung von einem Dünnschnitt eines Grasstengels gemacht habe. Ist es nicht verblüffend, mit welch einfachen Mitteln bereits mikroskopische Beobachtungen möglich sind? Ich bin ziemlich sicher, daß einige Men-

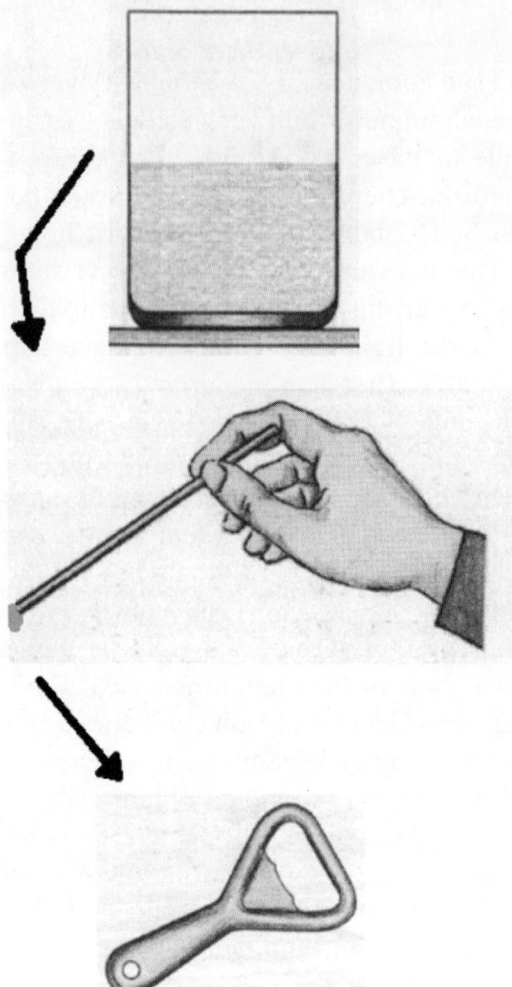

Abb. 90: Mit einem Flaschenöffner kann man selber ein
„prähistorisches" Mikroskop
herstellen

schen des Pharaonenreiches – vielleicht waren es Wissenschaftler,
vielleicht waren es aber auch nur spielende Kinder – die vergrößern-
de Wirkung eines Wassertropfens gekannt haben, denn die menschliche Neugier war damals mit Sicherheit mindestens genauso groß
wie heute.

Peter James und Nick Thorpe beschreiben in ihrem Buch „Keilschrift, Kompaß, Kaugummi; eine Enzyklopädie der frühen Erfindungen" die Funktionsweise der Kühlschränke, wie sie bereits im al-

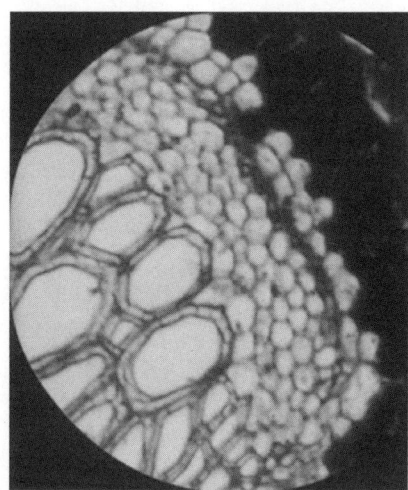

Abb. 91: Mikroskopische Aufzeichnung
von dem Querschnitt eines Grasstengels

ten Ägypten verwendet wurden. Nachts wurde Wasser in Tonkrügen auf die Dachterassen der Häuser gestellt; Sklaven mußten die ganze Nacht hindurch die Krüge anfeuchten: Dadurch kühlten die Wasserkrüge ab. Morgens brachten sie die Krüge wieder ins Haus und packten sie zwecks Wärmedämmung in Stroh ein. Ein anderes Verfahren bestand darin, daß Wasser in porösen Krügen aufbewahrt wurde. Durch die Poren drangen geringe Wassermengen, welche die Krugwandungen feucht hielten. Sklaven hatten die Aufgabe, gemäß der *Abbildung 92* mit Fächern diesen Krügen Luft zuzufächern, wodurch die Feuchtigkeit verdunstete und so den Krug kühlte – eine geniale Idee und das ohne jegliche Umweltbelastung. Wer das einmal selber ausprobieren will, kann das mit einem tönernen (porösen) Blumentopf nachvollziehen; es muß nur das Abflußloch beispielsweise mit einem Kaugummi verschlossen werden, und schon kann es losgehen. Mit Wasser füllen, außen anfeuchten und mit einem Fächer oder einer Zeitung Luft zufächern. Nach einiger Zeit bemerkt man, daß sich der Inhalt abgekühlt hat.

Eine weitere Erfindung war die Clepsydra, eine Wasseruhr, die um 1500 v. Chr. von dem ägyptischen Hofbeamten Amenemhet erfunden wurde. Sie bestand aus einem Behälter, an dessen Boden eine kleine Öffnung vorhanden war. Er wurde mit Wasser gefüllt, das all-

Abb. 92: Ein ägyptisches Kühlhaus

mählich durch die Öffnung floß. Durch den absinkenden Wasserspiegel konnte die vergangene Zeit abgelesen werden. Mit ein paar wenigen Handgriffen kann man selber so eine Wasseruhr bauen. Dazu nimmt man einen leeren Joghurtbecher und sticht mit einer dünnen Nadel ein kleines Loch in den Boden. Dann füllt man ihn mit Wasser und markiert so alle 10 bis 20 Sekunden mit einem wasserfesten Filzstift den Wasserstand, um die Wasseruhr zu eichen. Fertig. Die Wasseruhr funktioniert im Prinzip ähnlich wie eine Sanduhr. Damit das Wasser wieder verwendet werden kann, fängt man es mit einer Schale auf, so wie es *Abbildung 93* demonstriert. Zwei weitere sehr wichtige Erfindungen, die untrennbar zusammengehören, waren die Schrift und ein Informationsträger. Die ersten Informationsträger dürften wohl Höhlenwände gewesen sein, auf denen noch heute die Höhlenmalereien der Steinzeitmenschen zu bewundern sind. Später wurden dann frische Tonplatten verwendet, in welche die Informationen geritzt wurden; anschließend wurden die Tontafeln gebrannt, so daß die Daten dauerhaft erhalten blieben – im übertragenen Sinne der erste Nur-Lese-Speicher. Unhandlich waren die Tontäfelchen schon, aber

Abb. 93: Eine einfache Wasseruhr

um etwa 3000 v. Chr. erfanden die Ägypter den Vorläufer unseres Papiers; sie nannten es Papyrus. Aus dem Mark der nordafrikanischen Papyrusstaude schnitten die Ägypter Steifen, die sie flachklopften und nebeneinander legten. Danach wurden weitere Streifen im rechten Winkel darüber gelegt und im noch feuchten Zustand gepreßt, so daß die einzelnen Fasern zusammenklebten. Zum Schluß wurden die Papyrusbögen geglättet. Geschrieben wurde im alten Ägypten mit Tinte und Rohrhalm.

Um gedachtes und gesprochenes aufzubewahren und für „alle Zeiten" auch der Nachwelt zu hinterlassen, wurde die Schrift entwickelt. Mehrere Arten wurden im Laufe der Menschheitsgeschichte erfunden. Die erste primitive Schrift dürften wohl Bilder in der Ausführung der Höhlenmalereien gewesen sein. Mit Bildern versuchte man seine Erlebnisse, Wünsche und Vorstellungen dauerhaft und für alle sichtbar zu hinterlassen. Es entwickelten sich später verschiedene andere Arten, wie z.B. die Keilschrift der vorderasiatischen Völker. Die griechische und unsere heutige Antiquaschrift ist bis zum extremsten abstrahiert und erinnert schon gar nicht mehr an irgendwelche Bilder. Eine reine Bilderschrift, die Hieroglyphen, nutzten die alten Ägypter. 1799 entdeckte man bei Rosette, einer ägyptischen Hafenstadt, die berühmte Steintafel, die unter dem Namen Stein

Abb. 94: Stein von Rossette

von Rosette bekannt geworden ist; siehe *Abbildung 94*. Sie enthält drei Abschnitte mit jeweils der gleichen Inschrift in Hieroglyphen und in zwei verschiedenen griechischen Schriftfassungen. Mit dieser Steintafel gelang es dem französischen Ägyptologen Jean Francois Champollion (23. Dezember 1790 bis 04. März 1832) im Jahr 1822, die ägyptischen Hieroglyphen zu entziffern. Den einzelnen Schrift-

Antiqua	Griechisch	Hieroglyphen
A, a	A, α	
B, b	B, β	
C, c	Γ, γ	
D, d	Δ, δ	
E, e	E, ε	
F, f	Z, ζ	
G, g	H, η	
H, h	Θ, ϑ	
I, i	I, ι	
J, j	K, κ	
K, k	Λ, λ	
L, l	M, μ	
M, m	N, ν	
N, n	Ξ, ξ	
O, o	O, o	

P, p	Π, π	
Q, q	P, ρ	
R, r	Σ, σ	
S, s	T, τ	
T, t	Y, υ	
U, u	Φ, φ	
V, v	X, χ	
W, w	Ψ, ψ	
X, x	Ω, ω	
Y, y		
Z, z		

Abb. 95: Antiqua, Griechisch und Hieroglyphen als Gegen-überstellung

bildern der Hieroglyphen kann man nach *Abbildung 95* griechische und antiqua Buchstaben zuordnen. Probieren Sie doch mal aus, Ihren Namen mit Hieroglyphen zu schreiben. In *Abbildung 96* sehen Sie den Titel dieses Buches oben mit Antiqua Schriftzeichen und darunter mit ägyptischen Hieroglyphen geschrieben.

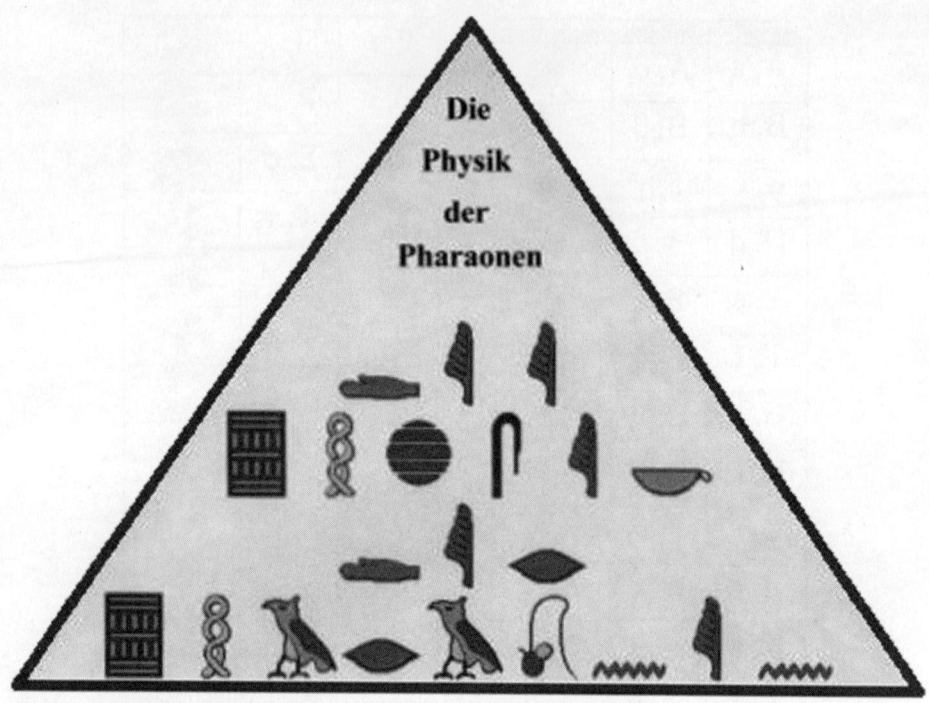

Abb. 96: Der Titel dieses Buches, übersetzt in Hieroglyphen

5 Schlußwort

„Geboren werden, wachsen, groß werden und das Leben genießen",
ein typischer Lebenslauf, aber etwas fehlt noch: der Tod. Sobald ein
Mensch geboren ist, kämpft er mit dem Tod; den einen erwischt es
früher und den anderen später. Aber nicht nur der einzelne Mensch,
sondern auch eine mehr oder weniger große Ansammlung von Menschen, das heißt also ein Volk, unterliegt diesem Entwicklungspro-
zeß. Wodurch mag es bedingt sein, daß ein Volk untergeht? Mit Sicherheit gibt es mehrere Möglichkeiten. Eine ist bestimmt die Gier
nach Macht und Herrschaft, die in politischen und wirtschaftlichen
Intrigen ausarten können. Ob nun ein kriegerisches Volk ein anderes
Land überfällt, oder ob es innerhalb eines Volkes rumort und es mit
einem Putsch endet, in beiden Fällen können fundamentale Änderungen stattfinden. Die nicht zu vergessenden Völker von Stonehenge und Atlantis, sowie das große Reich der Pharaonen wurden auch
„geboren, wuchsen und genossen ihre Existenz" über eine lange
Zeitspanne hinweg, bis sie plötzlich wieder verschwanden; übrig
blieben nur Relikte aus einer längst untergegangenen Zivilisation.
Erst durch intensive Nachforschungen gelang es, anhand der Hinter-
lassenschaften, wie z.B. der Pyramiden, ein wenig Licht in das Dunkel unserer Geschichte zu bringen. Nur ein kleiner Teil – man könnte
fast vom Tropfen auf den heißen Stein sprechen – dessen, was an Wissen und technologischem Kow-How vorhanden war, ist heute bekannt. So wissen wir heute durch die Nachforschungen einiger Wissenschaftler, daß es vielleicht damals im Reich der Pharaonen bereits
Erfindungen gab, die nach dem Untergang dieser Kultur wieder in
Vergessenheit gerieten und erst Jahrtausende später wieder neu erfunden werden mußten. In diesem Buch habe ich einige solcher po-
tentieller Erfindungen vorgestellt. Wenn sich auch das jeweilige Design geändert hat, die Prinzipien sind gleich geblieben – Hut ab vor
den prähistorischen Ingenieuren. Hoffen wir nur, daß unsere Kultur

und unser Wissen nicht auch plötzlich verschwindet, verursacht durch vom Menschen herbeigeführte Katastrophen, durch kriegerische Überfälle oder gar den Einsatz der Atombombe. Denn gerade letztere, sozusagen die „Krönung" technologischer Errungenschaften könnte alles mit einem Schlage zunichte machen. Wir müssen aufpassen, daß wir nicht alles irgendwelchen Richtlinien und blinden Paragraphen überlassen, sondern wieder zunehmend den gesunden Menschenverstand einsetzen, damit es unserer Zivilisation nicht auch so ergeht, wie einer amerikanischen Firma, die Mikrowellenherde herstellt und einen Gerichtsprozeß verlor, nur weil keine Bemerkung in der Bedienungsanleitung stand, daß ein vom Regen naß gewordener Hund nicht im Mikrowellenherd getrocknet werden darf. Untersucht man die ideologischen Verhaltensweisen des Menschen im Laufe der Menschheitsgeschichte, angefangen von der Steinzeit bis zu unserer „hochzivilisierten modernen Welt", so stellt man fest, daß sich daran überhaupt nichts geändert hat. Einem Wandel waren und sind nur die Werkzeuge unterworfen, und nur der gesunde Menschenverstand vermag es, diese auch sinnvoll zu nutzen. In dem Äon von der Steinzeit bis heute durchlebte der Homo Sapiens eine mentale Metamorphose vom Knüppelbändiger zum Paragraphengladiator.

6 Prähistorische Zeittafel

500 000 bis etwa 350 000 v.Chr.	Urmenschen bei Peking, in Südafrika u.a., verwendeten Werkzeuge aus Holz und aus Knochen erlegter Tiere; sie nutzten auch schon das Feuer.
150 000 v.Chr.	Die ersten Frühmenschen in Europa verwenden bereits Werkzeuge aus Stein.
10 000 bis etwa 4 000 v.Chr.	Die Menschen bauen Getreide an, halten Haustiere (Ziegen, Rinder, Hunde) und stellen bereits Tongefäße her.
um ca. 4 000 v.Chr.	Erste Kenntnisse über die Kupferverarbeitung im Nahen Osten.
um ca. 3 000 v.Chr.	Die Sumerer erfinden die erste Bilderschrift und erstellen einen Kalender. Bauern müssen für den ersten Pharao in Ägypten Sklavenarbeit leisten. Staudämme, Deiche und Kanäle werden von den Ägyptern und Babyloniern gebaut. Die Keilschrift wird von den Babyloniern und Assyrern verwendet, während die Ägypter eine eigene Bilderschrift, die sogenannten Hieroglyphen, schaffen. In Ägypten glaubt man an ein Weiterleben der Seelen im Totenreich; dort verehrt man auch viele Götter, deren höchster der Sonnengott Re ist.
um ca. 2 600 v.Chr.	In Ägypten werden den Pharaonen riesige Grabstätten in Form von Pyramiden gebaut.
um ca. 2 000 v.Chr.	China errichtet ein zentrales Reich, indem es benachbarte Stämme erobert. Eine bäuerliche Kultur breitet sich in Mittel- bis Nordeuropa aus.
nach ca. 2 000 v.Chr.	Die Völker der Griechen, Balten, Kelten, Germanen, Perser u.a. entstehen. Phönizier entwickeln die Buchstabenschrift.

nach ca. 1 200 v.Chr.	Der biblische Moses führt sein Volk, die Israeliten, aus der ägyptischen Sklaverei ins Gelobte Land, und empfängt von Gott am Berge Sinai die zehn Gebote, die er dem Volk verkündet, und sie verpflichtet, an den einzigen Gott zu glauben.
um ca. 1 150 v.Chr.	Von ägyptischen Handwerkern wird die Töpferscheibe erfunden.
um ca. 800 v.Chr.	Homer, ein griechischer Dichter, verfaßt seine heute weltbekannten Werke Ilias und Odyssee.
776 v.Chr.	Die ersten Olympischen Spiele finden in Olympia statt.
753 v.Chr.	Rom wird gegründet.
um 600 v.Chr.	Thales von Milet berechnet erstmals eine Sonnenfinsternis voraus.

7 Chronologie der elektrotechnischen Technikgeschichte

585 v.Chr.	Thales von Milet berichtet über Reibungselektrizität und Magnetismus
420 v.Chr.	Demokrit prägt den Begriff des Atoms
530	Arbeiten über die Sinusfunktion
550	Zahl Null wird erfunden
1510	Leonardo daVinci erfindet das horizontale Wasserrad
1580	Arbeiten über die Dezimalbruchrechnung von Vietá
ca. 1600	Arbeiten über Erdmagnetismus und Reibungselektrizität
ca. 1649	Otto von Guericke erfindet die Luftpumpe
1663	Otto von Guericke erfindet die Elektrisiermaschine
1745	Leidener Flasche wird (u.a.) von Kleist erfunden
1752	Erfindung des Blitzableiters von Benjamin Franklin
1765	Dampfmaschine mit Kondensator
1782	Entdeckung der Piezoelektrizität
1785	Erarbeitung der Grundlagen über die Elektro- und Magnetostatik
1789	Wasser wird erstmals durch den elektrischen Strom zerlegt
1790	Entdeckung des Urans
1791	Entdeckung der galvanischen Elektrizität durch Luigie Galvani
1799	Alessandro Volta baut das erste galvanische Element und entwickelt daraus seine Volta'sche Säule
1800	Erforschung der Wärmewirkung des elektrischen Stromes

1803	elektrolytische Zersetzung fester Soffe; Dampflokomotive
1807	H. Davy entdeckt das Natrium und Kalium, und stellt Magnesium elektrolytisch her
1813	H. Davy erzeugt den elektrischen Lichtbogen
1820	Oersted entdeckt die magnetische Wirkung des elektrischen Stromes, und Ampère untersucht die Kraftwirkung elektrischer Ströme
1821	Michael Faraday stellt das Grundprinzip des Elektromotors auf; Z. J. Seebeck untersucht die Thermoelektrizität; Mundharmonika
1825	erster Elektromagnet mit einem Eisenkern; Zieharmonika
1827	Georg Simon Ohm stellt sein Ohm'sches Gesetz auf
1831	Induktionsgesetz
1834	Michael Faraday stellt die Gesetze der Elektrolyse auf
1837	erster schreibender Telegraph
1841	Joule stellt sein Stromwärmegesetz auf
1847	Stromverzweigungsgesetz von Kirchhoff
1848	erste verwertbare elektrische Bogenlampe
1853	Definition der Energie; Frequenzformel für Schwingkreise von W. Thomson; Injektions-Spritze
1854	Quecksilberluftpumpe; Geißler'sche Röhren
1858	Katodenstrahlen; erster Schwingkreis mit Leidener Flaschen
1859	Bleiakkumulator
1861	Telefon; Spektroskop
1865	Maxwell'sche Gleichungen beschreiben den Elektromagnetismus
1866	erste Dynamomaschine
1867	magnetische Ablenkbarkeit der Elektronen; Dynamit
1871	Licht wird als eine elektromagnetische Wellenerscheinung erkannt
1876	Staubsauger

1878	Kohlekörnermikrofon; Lichtbogenofen
1879	Kohlenfadenlampe
1882	erstes Elektrizitätswerk in New York; Bügeleisen
1883	Erforschung der Piezoelektrizität
1885	Nipkow-Scheibe (Loch-Scheibe) für die Fernsehaufzeichnung; Auto
1886	Erzeugung von Kanalstrahlen
1888	Photoelektrischer Effekt
1894	Kinematograph
1895	Röntgenstrahlen; drahtloser Telegraph
1896	Entdeckung der radioaktiven Strahlung des Urans
1897	erster deutscher Sender der AEG; Dieselmotor
1900	Quantentheorie
1902	Quecksilberdampfgleichrichter; Drehkondensator
1905	Woframdraht-Glühlampe
1906	Äquivalenz von Masse und Energie
1908	Kreiselkompaß
1909	Phenol-Formaldehyd-Harz (Bakelit)
1910	Neon-Glimmlicht
1911	Supraleitung
1913	Bohr'sches Atommodell; Echolot; Geigerzähler
1917	Kondensator-Mikrofon
1918	Ultraschallsender und Ultraschallempfänger
1919	Flip-Flop Schaltung
1921	Magnetron; Superhetempfänger
1922	Tonfilm; Hubschrauber
1926	elektrische Schallplattentechnik
1928	Fernschreiber; Penicillin

1929	erste Fernsehsendung in Berlin; Quarzuhr
1931	elektrischer Rasierapparat; Radioteleskop
1933	Höchstspannungen mit dem Bandgenerator
1935	Radar
1936	Zuse's Großrechenmaschine mit Relais
1938	Atomkernspaltung des Urans mit Neutronenbeschuß
1939	erstes Düsenflugzeug HE178; Elektronenmikroskop
1940	Leuchtstofflampen
1941	Plutoniumgewinnung aus Uran
1942	erster Kernspaltungsreaktor mit Natururan; Braun's erste Weltraumrakete V2
1943	erster mit Elektronenröhren bestückter Großrechner ENIAC
1945	Atombombe
1946	elektrische Heizdecke
1948	Transistor; UKW-Rundfunk; Holographie
1952	erster speicherprogrammierter Elektonenrechner EDVAC
1954	MASER (microwave amplification by stimulated emission of radiation)
1956	Silizium-Thyristor
1957	erster Großrechner, der in Serie in den USA produziert wurde und volltransistorisiert war.
1958	LASER (light amplification by stimulated emission of radiation)
1961	Juri Gagarin umkreist als erster Mensch im Weltall die Erde
1967	PAL Farbfernsehen in der BRD
1969	erster Mensch auf dem Mond
1971	erster künstlicher Marssatellit Mariner 9
1973	Nachrichtenübertragung mit Lichtwellenleitern

Literaturverzeichnis

[1]   Keilschrift, Kompaß, Kaugummi. Eine Enzyklopädie der frühen Erfindungen. Peter James, Nick Thorpe, Gebundene Ausgabe – 447 Seiten (September 1998), Sanssouci Vlg., München; ISBN: 3725411336

[2]   Peter Krassa, Reinhard Habeck; Das Licht der Pharaonen. Ihre Techniklehrmeister kamen aus dem Weltraum. Phantastische Phänomene, Ullstein Buch Nr. 35657 im Verlag Ullstein GmbH, Frankfurt/M, 1996, ISBN: 3 548 35657 5

[3]   400 000 Jahre Technikgeschichte. Von der Steinzeit bis zum Informationszeitalter. Marie-Louise ten Horn-van Nispen, Gebundene Ausgabe – 173 Seiten (1999), Primus, Darmstadt; ISBN: 3896782088

[4]   Einführung in die Geschichte der Erfindungen. Bildungsgang und Bildungsmittel der Menschheit. F. Reuleaux, Gebundene Ausgabe (1998), Bechtermünz Vlg., Augsbg.; ISBN: 3828903096

[5]   Geschichte der Technik. Der Mensch und seine Erfindungen im Bereich des Abendlandes. Friedrich Klemm, Taschenbuch – 212 Seiten (1999), Teubner, Stgt.; ISBN: 3519002825

[6]   Harenberg Schlüsseldaten. Erfindungen und Entdeckungen. Felix R. Paturi, Gebundene Ausgabe – 751 Seiten (1998), Harenberg Komm., Dortm; ISBN: 3611006823

[7]   Sehen, Staunen, Wissen: Erfindungen. Lionel Bender, Gebundene Ausgabe – 64 Seiten (1991), Gerstenberg, Hildesh.; ISBN: 3806744254

[8]   Tessloffs großes Bildbuch der Erfindungen. Gebundene Ausgabe – 64 Seiten (1995), Tessloff Vlg., Nürnb.; ISBN: 3788606053

[9]   Was ist was?, Bd.35, Erfindungen (die unsere Welt veränderten), Irving Robbin, Gebundene Ausgabe, Tessloff Vlg., Nürnb.; ISBN: 3788602759

[10] Paschke u.a., Große Universal-Geschichte. Von der Urzeit bis zur Gegenwart. Holle Verlag, 1988, ISBN 3 926187 57 3

[11] Wahl, Günter: Tesla-Energie, faszinierende Experimente mit selbstgebauten Teslaspulen. zweite Auflage, Franzis' Verlag, Poing, 1998, ISBN: 3–7723–5494–7

[12] Lay, Peter: Kirlian Fotografie, Faszinierende Experimente mit paranor-

malen Leuchterscheinungen. Fanzis' Verlag, Poing, 2000, ISBN: 3–7723–5974–4

[13] Näser, Lempe, Regen: Physikalische Chemie für Techniker und Ingenieure. 19. Auflage, VEB Deutscher Verlag für Grundstoffindustrie, Leipzig, ISBN: 3–342–00545–9

[14] Kurt Sattelberg: Vom Elektron zur Elektronik, Eine Geschichte der Elektrizität. Elitera-Verlag, Berlin, 1971, ISBN: 3 87087 033 8

Stichwortverzeichnis

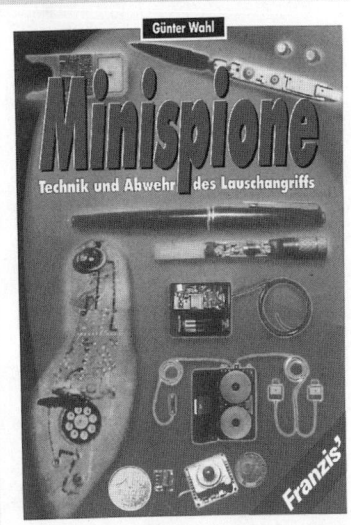

Sie müssen nicht unbedingt ein Maulwurf des KGB-Nachfolgers sein, um versehentlich ins Visier der Ermittler zu geraten. Seit 1998 ist das Abhören per Gesetzesregelung durch die staatlichen Organe leichter denn je. In diesem Band lesen Sie:
- Minispiontechnik seit 1969
- Technische Aspekte
- Gerätetechnische Abhörmöglichkeiten
- Wie werden Lauschgeräte getarnt?
- Welche Gegenmaßnahmen gibt es?

Minispione – Technik und Abwehr, Teil 1-8

Wahl, Günter; 1999; 940 S.; Reprint
ISBN 3-7723-**4933-1**
Euro 50,11/DM **98,–**

Wird mit Kirlianfotografie die "Aura des Menschen" sichtbar gemacht? Oder sind es "nur" elektrische Entladungen – und damit physikalisch verursachte Lichterscheinungen? Dieses Fachbuch beschreibt, was Kirlianfotografie ist und wie man selbst solche Aufnahmen herstellen kann. Dabei wird sowohl die rein wissenschaftliche als auch die esoterische Seite betrachtet.

Kirlian-Fotografie

Lay, Peter; 2000; 128 S.
ISBN 3-7723-**5974-4**
Euro 20,43/DM **39,95**

Faszinierende Experimente mit erstaunlichen Effekten! Lassen Sie sich jetzt von diesem Buch in die mystisch anmutende Welt blitzartiger Tesla-Funkenentladungen entführen:

- Wie Hochspannungsquellen funktionieren und wie Sie Tesla-Spannungen selbst erzeugen
- Ihr eigener Tesla-Generator, in modernster Technik aufgebaut
- Solid State-Tesla-Generatoren
- Wo Sie die Bauteile für Ihre Experimente bekommen
- Der Erfinder Tesla: Das Genie und sein Lebenswerk

Tesla-Energie

Wahl, Günter; 2000; 112 S.
ISBN 3-7723-**5496-3**
Euro 20,43/DM **39,95**

Mit diesem Buch machen Hochspannungs-Experimente richtig Spass! Knallende Funkenschläge, helle Lichtbögen, leuchtende Gase – wer ist von Hochspannungs-Experimenten nicht fasziniert! Führen Sie jetzt selbst mit einfachen Mitteln solche Versuche durch. Schon mit ein wenig Wissen, Können und Bauteileaufwand sind Sie in der Lage, spektakuläre Versuche zu realisieren. Das Buch vermittelt Ihnen die nötigen Grundlagen und zeigt anhand praxisnaher Beispiele, wie Sie Hochspannungs- und Röntgenexperimente planen und ausführen.

Experimente mit Hochspannung

Kronjäger, Jochen; 2000, 130 Seiten
ISBN 3-7723-**5414-9**
Euro 20,43/DM **39,95**